你的心有多宽，未来就能走多远

仲念念 著

民主与建设出版社
·北京·

© 民主与建设出版社，2018

图书在版编目（CIP）数据

你的心有多宽，未来就能走多远 / 仲念念著 . -- 北京：民主与建设出版社，2018.7（2024.1 重印）
ISBN 978-7-5139-2204-3

Ⅰ.①你… Ⅱ.①仲… Ⅲ.①成功心理—通俗读物 Ⅳ.① B848.4-49

中国版本图书馆 CIP 数据核字 (2018) 第 134613 号

你的心有多宽，未来就能走多远
NIDEXINYOUDUOKUAN WEILAIJIUNENGZOUDUOYUAN

出 版 人	李声笑
著　　者	仲念念
责任编辑	刘树民
封面设计	仙境书品
出版发行	民主与建设出版社有限责任公司
电　　话	（010）59417747　59419778
社　　址	北京市海淀区西三环中路 10 号望海楼 E 座 7 层
邮　　编	100142
印　　刷	河北鹏润印刷有限公司
版　　次	2018 年 8 月第 1 版
印　　次	2024 年 1 月第 2 次印刷
开　　本	880 mm×1230 mm　1/32
印　　张	10
字　　数	210 千字
书　　号	ISBN 978-7-5139-2204-3
定　　价	39.80 元

注：如有印、装质量问题，请与出版社联系。

第一章 纵然长大扫兴,仍要尽兴前行

先做英雄,再做美人 //002

你总要独自穿过黑巷,才能成为自己的光 //011

别在年轻的时候假装不爱钱 //017

优秀的人,向来好看 //024

起风了,唯有努力生存 //031

所有失去的,都会以另一种方式重新归来 //038

余生还长,何必慌张 //045

做好自己,就是最大的善意 //052

谁不是一边被嘲笑,一边含泪奔跑 //058

纵然长大扫兴,仍要尽兴前行 //066

第二章　你就毁在凡事只求差不多

生活不会更容易，但你可以更强大 //076

无负今日，才是一生最重要的事 //083

若是狮子，何必炫耀 //090

你能控制情绪，方能控制人生 //095

当你放大格局，世界就爱上了你 //102

你不优秀，认识谁都没用 //107

你就毁在凡事只求差不多 //111

你走得太快了，灵魂都落在了地上 //117

没有无聊的人生，只有无聊的人 //123

宁鸣而死，不默而生 //130

第三章 你走过的泥泞,是别人没有的风景

你迟早会被没素质毁掉的 //142
谢谢你用妒忌,来承认我的出色 //148
你最大的错,就是在朋友圈假装生活 //153
你不是说话直,你是没素质 //158
你没经历过,就别说感同身受 //164
热爱生活的人,都喜欢做减法 //170
你的心有多宽,未来就能走多远 //176
用一生与别人去比较,是人生悲剧的源头 //181
你走过的泥泞,是别人没有的风景 //188

第四章　你明明配得上更好的生活

你明明配得上更好的生活 //196

真正高贵的灵魂，是自己尊敬自己 //201

如果有来生，我愿做你的手机 //206

没有陪伴，何谈家人 //213

不要和嚼人舌根的人做朋友 //220

当我们热爱世界时，才真的活在世界上 //225

生命来来往往，来日并不方长 //231

你现在的手机号用多少年了 //235

不再联系成了我们最后的默契 //240

第五章　别小看那个连买菜都涂口红的女人

别小看那个连买菜都涂口红的女人 //246
我爱你白发苍苍，依旧心如赤子 //254
有男朋友了就不要跟别的男生暧昧了 //263
真正的爱情，是彼此成就 //270
你曾是我第一个想要嫁的人 //275
如果另一半去世了，你会如何度过余生 //279
这才是成年人恋爱该有的态度 //284
三观不同的爱情，更能接近幸福 //290
别让家人的爱变成永久的等待 //296
你只是路过，而非归人 //304

第一章

纵然长大扫兴，仍要尽兴前行

先做英雄,再做美人

1

我跟朋友去逛超市,在文体专柜看到一个哭闹的小男孩。

看上去七八岁的样子,态度坚决地指着最上面一排的变形金刚,眼泪汪汪地说:"妈妈,我想要那个,我们把他带回家好不好?"

妈妈蹲下来,拭去小男孩的眼泪轻轻地说:"宝宝为什么那么喜欢变形金刚呢?"

男孩的眼睛忽然亮了,激动地解释道:"因为变形金刚可以变成任何我想要的样子,可以帮助别人,就像一个大英雄。"

"宝宝也是大英雄啊,只是你自己不知道而已。你看,其实你也可以变成想要的样子,乖一点,或者调皮一点,都是你自己说了算。"

妈妈摸了下男孩的头,眼睛温柔得像是一汪水。

"真的吗？妈妈觉得我是英雄吗？"小男孩怯怯地问。

"当然了，每个人都是自己的英雄，宝宝也可以喜欢别的英雄，但是不用把所有的英雄都放在家里，应该放在心里，鼓励自己，向英雄学习，这样英雄才会开心啊，英雄最喜欢懂事又上进的孩子了。"

妈妈说完，缓缓地站起来，拉着孩子走开，孩子笑了，说："那我每次考试都考第一名，这样我是不是英雄？"

"当然是了，在妈妈眼里，宝宝一直都是英雄。"

母子俩笑着走开，我却迟迟没有回过神来。且不说这位妈妈的教育方式，光是对待"英雄"的态度，就足够我们深思。

2

其实不只是那个孩子，我们每个人都有自己心中崇拜的英雄，但是却忘了，只要做好自己，每个人都是自己的英雄。

无关于出身和成就，只关于此生的修行。

前段时间我搬家，一直忙着置办家中大小物件，几乎每天都要跟快递小哥打个照面，其中有一位，让我感动得几近落泪。

那是一个大件的组装衣柜，差不多有100斤重，朋友去上班了，家里就我一个女生，原本打算先不收货，等周末再一起搬上去。

但是快递小哥说:"没关系,我帮你扛上去吧,你迟早都要搬的。"

然后二话不说扛起来就走,我手足无措地跟着,一直不停地说谢谢。我搬的新家是一栋很陈旧的小区,有很多年历史了,住在五楼,没有电梯,我眼睁睁地看着他的后背被汗水慢慢浸湿,大口大口地喘着粗气,当时眼睛就湿润了。

我望着他的背影,在心里默默地想:我虽不是美人,但今天却如此荣幸地被英雄救了。

到家以后,我邀请他进来喝杯水,他用短袖随便摸了一把脸,说:"不用了,举手之劳而已。你一个女生也不容易,出门在外一定要注意安全啊,不要随便让陌生人进门,我走了,你忙吧。"

我千恩万谢地目送他离开,在我眼里,这不是举手之劳。

究竟什么样的人才算是英雄吗?必须要拯救世界才算吗?可那一刻我只觉得,将自己本职的工作做得出色,并且是将其建立在善良和热爱之上的人,就是值得我们尊敬的英雄。

英雄不一定有撼天动地的成就,但是却一直陪伴在我们身边,他们恰逢其时的出现,让我们相信,这世界有多可爱。而这些人,才是真正值得我们学习的,他们让我们相信,只要做好自己并且热爱这个世界,就是自己的英雄。

3

我们从小到大，应该崇拜或者羡慕过很多人吧。

儿时崇拜漫画里的各种英雄，觉得他们救人于水火，英姿飒爽，无所不能。于是我们也想成为英雄，也想去拯救世界。

但是长大以后却发现，最需要拯救的是自己，我们大抵忘了，最大的英雄，其实是独自咬牙走了很久的自己。

前段时间，有一个学妹跟我说，自己失业以后，没了收入，搬到了一栋比原来小很多的房子里，搬东西上楼的时候摔倒了，擦伤了腿。

但她没去医院，她说要攒钱给弟弟交学费。于是自己忍着痛擦药酒，看着血从皮肤里沁出来，她哇的哭出了声，腿不痛，心痛。

生活真的好苦啊。

可是明明是自己说，先做英雄再做美人的，如今这么辛苦，都是英雄该走的路，自己又怎能气馁呢？想到这里，她又浑身充满了力气，在网上发布了很多自己精心制作的简历，重新找份工作，一切重新开始。

我内心挺多感慨，原来那么年轻的女孩子，都可以是自己的英雄，而每一个英雄的内心里，都住着一颗闪闪发光的少女心。

少女心永远不会老，因为她必然懂得爱自己有多重要。

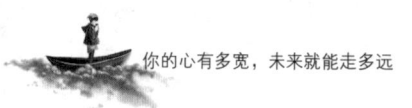
你的心有多宽，未来就能走多远

于是，我常常会想，我们这一生到底是场多漫长的修行，曾经独自一人走过多少无人问津的路，恐怕只有自己心里清楚。

总是不停地羡慕很多人，看着别人光鲜亮丽的人生，渐渐地怀疑自己。尽管已经熬过很多孤独的时刻，依旧没有勇气面对未知的未来，以及未来的自己。

殊不知，所有的羡慕都是放大了别人的成绩而缩小了自己的能力。要知道，世界上从来不存在不劳而获，想要达到什么样的高度，就必须征服足够远的路途。

在此之前，除了努力、坚持并且选择相信意外，再无捷径。

而明白了这些，并且已然付诸了行动，那么就是自己的英雄。

4

我曾经看过演员赵丽颖在《星空演讲》里的一个视频，至今记忆犹新。

赵丽颖1987年出生于河北廊坊的一个农民家庭，2006年因获得雅虎搜星冯小刚组冠军而进入演艺圈。之后她演过丫鬟、女儿、孙女、妹妹等，在娱乐圈摸爬滚打七年之久，方才崭露头角，被人们所熟知。

如果说在这个世界上存在着可以定义我们的人，那么只能是自己。想成为一个什么样的人，自己心里最清楚。而这条路

第一章

纵然长大扫兴，仍要尽兴前行

要怎么走，如何走，也要由自己去摸索。世上不存在不劳而获，想要到达足够的一个高度，就必须征服足够远的路途。

她是这么想的，也确实这么做了。她演讲刚开始的部分就已经深深地吸引了我，我被感动得一塌糊涂。

她说："凭什么说圆脸就演不了主角？凭什么一个演员的价值要由脸型所决定？我不服气，所以就在每一个小角色里下功夫，并且在心里跟自己说，别让我抓住机会，一旦有，我一定会拼了命抓住。"

这种感动不只是因为切身感受到了她的付出，更是从她的历程里看到了无数个为梦想坚持的倔强的灵魂。没有人可以被定义，哪怕你起点低，每个人都可以通过努力改变自己、证明自己。

她在娱乐圈摸爬滚打七年，也沉淀了七年。七年的时间里，磨炼的不只是演技，更是自己对于演员这个职业的认识。而这些沉淀一旦遇到了对的时间，也就变成了机遇。

这个机遇，就是电视剧《陆贞传奇》。

这是赵丽颖第一次担任主角，她可以感同身受地将这个角色演出来，得到了人们认可的同时，也为无数圆脸的女孩正了名：谁说圆脸不可以演主角？只要你愿意努力，人们总会看到你。

赵丽颖工作特别拼，一年365天，有300天以上都在剧组里。

她说她想活出自己喜欢的样子,无论怎样都不觉得累。于是我想,当一个人可以在说工作的时候两眼冒着光,整个人积极向上,便是最大的幸福了。

5

其实不只是演员,任何职业都是一样。

只有全心全意的付出和脚踏实地的努力,才能赋予职业本身以意义。而人的价值也因工作的价值而得以完善和升华。

两者间的相辅相成,就是人在这个时代所留下的印记,这种印记,就叫作人生。

有句话叫:"英雄不问出处,富贵当思原由。"这句话的前半句用在赵丽颖身上再合适不过。

她出身平凡,家里祖辈都是农民。但这从来不是阻止她发光发热的借口,相反正因如此,她才比一般人多了一种坚韧。

什么是英雄?我所理解的英雄,并非要有开天辟地的本领,只要在自己的岗位上发出光和热,哪怕平凡也不平庸,哪怕普通也不放任自流,那么即使不能被载入史册,也已经是所处的年代里的英雄了。

这一点赵丽颖做到了,她值得所有的肯定和尊重。她通过自己的努力赋予演员这个职业以新的理解和定义。她通过自己塑造的角色向人们传达积极进取的观念和正能量。她像蜡烛一样燃烧,火光闪耀之时,照亮了这个时代的某种空缺。而这种空缺,就叫作初心,叫作本真,叫作生命的意义。

一个人如果能在某一个平凡的岗位上,发出引人向上的力量,那么就是她所能赋予人类和这个时代的最大的善意,这样的人,一定是个英雄。

6

这世界那么大,那么嘈杂,每个人都像浮萍一般漂在一个个不为人知的角落里。但即便如此,我们也从未想过想要放弃,不放弃追求梦想,不放弃追求存在的意义。

那么如何才能在这个时代留下印记,如何才能通过自己的努力,给这个时代,给身边的人,一些向上的、正能量的感染力?

我所认为的就是:过好当下的每一天,做好每一件事,不枉费每一分钟;保持乐观和积极,在荆棘遍布和泥泞满地的沼泽地里,一往无前,所向披靡。与此同时,紧紧护住自己内心深处的赤子之心,时刻不忘当初出发的目的。那么即使不能流芳百世,至少也不枉此生了。

最后,我用赵丽颖的一段话送给大家:

"英雄的出处是来自于内心的强大,来自于对梦想的执着

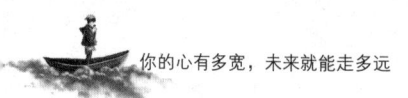

追求和你所从事职业的坚持与踏实,以及面对浮躁与浮华的淡定和定力。因此,我想成为这样的英雄,我想离自己的梦想近一点,再近一点。"

愿我们都能离自己的梦想,近一点,再近一点。愿我们都能披荆斩棘,所向披靡。愿我们成为自己的英雄。

你总要独自穿过黑巷,才能成为自己的光

1

高考分数出来以后,表弟一直把自己关在房间里,任谁劝都不肯出来。

考砸虽已是板上钉钉的事实,但他依旧痛心疾首。十年寒窗苦读,顷刻付诸东流,所有关于未来的美好梦境,瞬间幻灭了。

姑妈担心得不行,在门外苦口婆心地安慰道:"又没有人怪你,你别给自己那么大压力,不过是输了高考而已,又不是输了整个世界,有什么大不了的嘛。"

是啊,不过是输了高考,有什么大不了呢?

想起2013年的那个盛夏,同样是高考失败的我,也是一样把自己锁在房间,感觉整个世界都塌了,而自己刚好被埋在深不见底的泥潭里,想动动不了,想出也出不来。

当时我妈一度担心我会自杀,想尽一切办法试图跟我沟通,

但无论外面的世界是艳阳还是雷鸣，我都岿然不动。如今想来，那时候的自己，真是矫情得不行。

我们年轻的时候，心脏都是特别小的，发生一点点小事都会觉得天塌了、路断了，但真正令人感到胆怯和退缩的，其实只是恐惧本身。当你真的勇敢地踏出那一步，再回首往日，就会发现，那些曾经以为再也过不去的苦难，也不过如此。

所以对于表弟，我真的不知道该说些什么，有些路必须要自己走，有些感受也必须亲自去体验。别人说得再怎么样，自己不经历，永远都入不了心。

所以最后，我什么都没说，只是想起了那句，"年轻人该走的弯路，其实一步都少不了"。

是啊，人生的这条路，必须要一步一步地亲自去走，少了任何一个弯路，脚步都不会厚重。只有犯错，才能长记性，只有经历过荆棘丛，步伐才能轻盈。

02

纵观我们这一生，为人子女、求学、工作、为人父母，然后老去，这一切看似早已明了，但实际上，却又是那么漫长。

也许只有我们成为了大人们口中的那个"过来人"，路途上的些许经历和心情，才能悉数感同身受，否则所有的规劝，都是纸上谈兵。

我的一位高中同学，在我大二那年她家的公司破产了。我在毕业之后见到她时，她已经完全褪去了少女时代的稚气，举手投足之间尽显大人的得体和从容。

可不知为何，看着她的变化，我竟心疼得说不出一句话。

"曾经太懂事的孩子总是格外令人心疼"，这句话我原本不太懂，直到有一天，我成为这句话中的那个孩子。

"你知道一夜长大是种什么感受吗？我原本不知道，直到有一天，我也在一夜之间，经历了长大。"

如果不是凌厉生活的各种逼迫，谁愿意抛掉孩子的身份，去做一个百毒不侵的大人？

当时家里欠下高额的外债，父亲心脏病复发住进了医院。那是一种由天堂瞬间跌入地狱的绝望，一边强颜欢笑，一边拿命去扛。也是从那时候开始，她跟自己说，以后哪怕哭，泪水也要滴到地下，开成花。

将近两年的时间里，她由一个不谙世事的小女孩变成雷厉风行的女强人。原本这些我以为只出现在电视剧里，直到她云淡风轻地出现在我的面前跟我说，没有独自穿过黑巷，就成不了自己想要的光。

那是一段怎样黑暗的时光，或许她一生都不愿再提起，但

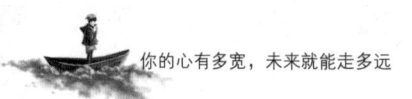

是没有关系,毕竟独自穿过了那些暗礁黑巷,也就活成了一束光。

3

想想我们逐渐长大的这些年,谁不是独自一人穿过条条黑巷呢?

记得我曾经在那篇《所有你流过泪,是一条渡你的河》里写过,小时候特别怕黑,晚上去奶奶家的那条路,成了我整个童年的噩梦。

那个时候我妈总是跟我说,这条路,你必须闭着眼睛自己跑过去,不管奶奶有没有在终点为你掌灯。因为从迈开脚步的那一刻开始,距离终点的路,就已经在一点一点地缩短。

这一刻你努力,下一刻,你就可以穿过黑暗,到达你想要的彼岸。

这段经历给我的启发,使我在今后的很多年里,都一如既往地勇敢和坚韧,不仅学会了咬牙坚持,还学会了期待彼岸的美好。

上初中的时候,我数学考试不及格,被老师百般苛责,那是一段不甘心的倔强的路;

步入懵懂的青春期,恋爱了,又失恋了,那是一段把懵懂的梦打碎又重组的路;

毕业了，初入社会，走入工作岗位，那是一段隔离年少的稚嫩，独自披甲上阵不惜头破血流的路。

这些路，有些是黑暗的。

但当我一一走过，以一个过来人的身份回头去看那些如我曾经那般深陷泥潭的年轻人，就会懂得，这时光给了我什么，又将以新的身份，教会他们什么。

4

所以，面对高考考砸的表弟，我不会说什么安慰的话，因为高考这条路，他必须走过，才会懂得。

所以，面对破产的高中同学，我不会直接告诉她我的心疼，因为这条路她已经走过了，她变成了一束光。

所以，面对一路走来的我和我们，我们这些隐忍着努力和不断向上的年轻人，我也不会说什么打鸡血的大道理，因为总有一天，我们都会成为"大道理"本人。

尼采说，其实人跟树是一样的，越是向往高处的阳光，她的根就越要伸向黑暗的地底。

我们每个人都希望自己是一棵枝繁叶茂的大树，但是不是每一个人都愿意在大树变得繁茂之前，将自己沉在尘埃里。所以有些人，可以一边繁茂一边迎风招展；而有些人，还未触及

雨露和阳光，根便断了。

根基不稳，注定不能长久站立。

所以，不要痛恨你所处的每一处黑暗，只有穿过这些黑暗，将它们化成营养悉数吸收，才能深扎地底，成为自己想要的光。

愿你我共勉。

别在年轻的时候假装不爱钱

1

电视剧《欢乐颂》火爆一时的那段时间,我一直陷入沉重的思考里,很久没有出来。

《欢乐颂》里面的樊胜美,为了救父亲,四处借钱不得而在大庭广众之下失声痛哭的时候,我的心一次又一次被揪起。与此同时,脑海里一直浮现出一个瘦削的少年模样。

他是我从小玩到大的朋友,去年年末的时候,他的妈妈被检查出得了尿毒症。

家庭本就不富裕,父亲年轻时伤了腿。奶奶年迈,弟弟幼小,所有的风霜凌厉地打在他的脸上和心上,那是一种想哭都哭不出来的绝望。

很多人都说,没有在深夜痛哭过的人不足以谈人生,可是这跟眼睁睁地看着亲人离去却无能为力相比,又算得了什么呢?

妈妈的病情一天天加重，但他没有办法，刚大学毕业的他一个人在大城市里摸爬滚打，养自己都费劲，更何况是天价的手术费？

那是我第一次那么真切地感受到，一个人在生死关头有多无助，在现实面前，就会有多无力。

你还相信"天无绝人之路"这句话吗？反正我是不信了，至少在现在是不信的，因为他妈妈命悬一线，除了有钱，没有奇迹可以生还。

是的，生活终究不是电视剧，他没有曲筱绡和安迪那种朋友，生活中也没有那么多狗血的剧情和风花雪月的韵事。

很多时候，没有钱，真的就只能等死。

2

老实讲，这些话如果放在我大学没毕业的时候，我一定惊得不行，甚至还会鄙夷自己，庸俗，俗不可耐。

但现在不会了，步入社会以后，琴棋书画诗酒花在食不果腹、衣不蔽体面前，都变得虚幻起来。

我有个室友，曾经一度从天堂坠到地狱，即使很多年过去，我依旧忘不了她哭红的眼睛，和埋头加班的表情，那是如战士一般的视死如归。

真的，当时我就想，你永远不知道你自己有多大的潜力，直到某一天，生活的凌厉直直地刺进你心里，你挣扎，你绝望，你痛哭，但是最后，你只能拍拍身上的泥土，颤颤巍巍地站起，迎着风，像一个战士一样，奔跑在雨里。

其实她的家庭原本是很小康的，她本可以衣食无忧地被父母宠着，直到长成自己想要的样子，但是天不遂人愿，在她刚工作一年的时候，父亲忽然投资失败，公司欠下大笔债务。后来，父亲动了邪念，企图走捷径，可捷径没走成，走进了监狱里。

父亲什么都没有留下，除了一大堆似乎永远也还不完的债务。

当时的她整个人几近崩溃，眼睁睁地看着瘦小的母亲，去做清洁工、流水线工人，去餐厅里洗碗，吃尽委屈，遭够白眼……

她哭过，绝望过，但除了往前跑别无他法。当一个人没有退路的时候，才会知道自己的潜力有多大，一旦没有了失败的筹码，便只能一鼓作气，拼到底。

那一年，她的业绩一下做到了全公司第一。

你能想到一米六五的人瘦到只有七十多斤的样子吗？母亲心疼她，抓着她的手，直掉眼泪。

她说，说什么诗和远方，当你看着自己的母亲为了几块钱遭人白眼的时候，你的梦想就是当个有钱的俗人——一个可以

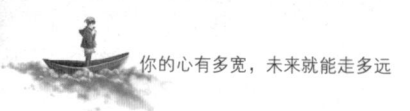

不让家人受委屈的俗人；一个活得体面的俗人；一个可以有尊严说"不"的权利的俗人。

她的话给了我很大的触动，其实我们很多人努力一生，也不过是为了过上自己想要的日子，以及成为自己想要成为的人。

既然这一些都可以通过努力抵达，那为什么不呢？

3

一夜长大是什么样？大概就是她顶着哭红的双眼一次次站起来的倔强。如果人一直活在象牙塔里，那么将永远不会懂风霜有多凌厉。而一旦被赶着爬出来，才会真的知道，独当一面有多重要。

而所谓独当一面，就是有随时抵御风雨的能力。这种能力，一方面是精神上的，是能力；另一方面，是物质上的，是金钱。

也是从她的身上，我又一次刷新了对金钱的看法。试想，如果可以选择，谁不想勇敢地去追求高尚的梦想呢？谁不想做自己喜欢做的事情，爱自己想爱的人，去自己想去的地方？但是生活从来不会惯着我们，它只会一次又一次把我们打碎再重组，直到有一天，变成连我们自己都不认识的样子。

我想起去年我的一个读者在一家保险公司跑业务的事。

当时正值盛夏，知了在枝头聒噪个不停，整个世界像被火烤一样，他四处奔走，回访客户，累到险些晕倒。

路上途经一个便利店，他走过去，想买瓶水然后快速离开，却发现钱包被偷了。

简直是晴天霹雳！他当时就蒙了，虽然钱包里的钱不多，但在当时来说，已经是他全部的家当了。

他拿着一瓶怡宝，看着上面的价格，再想想自己的身无分文，最终还是放下了。

他说，他永远忘不了售货员翻的那个白眼，和最后那句："没钱来买什么东西啊，真是的，浪费大家时间。"

他忘记了最终自己是怎么走出来的，只是记得心瞬间便坠入了一个暗黑的深渊，迟迟走不出来。

最难过的不是被羞辱的窘迫感，而是生活实苦，他却那么无力。

现在事情过去一年了，他不再像当初那样拮据了，可那句话却一直回响在他的耳边，时时鞭策着他，无论如何，将来一定要做一个买得起很多水的人。

老实说，如今的我不会再去鄙夷一个想挣很多钱的人了，因为只有经历过关于贫穷的绝望，才会有如今这般金盆满钵的渴望。

也只有经历过绝望的人，才能激发最大的潜在的能量。

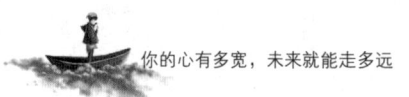

一个生活平静如水的人,不会无端想要去拥有抵抗波涛骇浪的能力,因为他没有危机感。换句话说,人一旦认命,就只能碌碌无为到死。

我不鄙夷贫穷,但鄙夷一切甘于贫穷,并且认命的懦弱和无能。

刚毕业的人到底有多穷?特别是在北上广深这样的一线城市里,无亲无故、无人脉、无资源、无背景,可以说,除了年轻,一无所有。

但年轻有什么用呢?年轻能刷脸吗?年轻就可以穷得理直气壮吗?不,年轻从来都不是贫穷的理由。但年轻的时候,物质上的贫穷并不丢人,精神上的贫穷才是真的丢人。

物质上的贫穷包括但不限于,想去的地方不敢去,不喜欢的工作不敢辞,想吃的东西不敢吃,想买的东西不敢买。

这个月工资还没发呢,就已经分配完了。发了以后,还没到手两天就已经没了,为什么越发工资就越穷?

当贫穷遇上年轻,未来的人生就会有无限的可能。

因为精神上我们是富有的,我们每天都很努力,每天都很上进,每天都严格要求自己,每天都在进步。

即使日子过得很拘谨,但我们心里比谁都清楚,我们此时此刻走着的,是上坡路。

5

南山以楠曾经说:"也许你要早上七点起床,晚上十二点睡觉,日复一日,踽踽独行。但只要笃定而动情地活着,即使生不逢时,你人生最坏的结果,也只是大器晚成。"

是啊,你尽管努力,最坏的结果也不过是大器晚成。不要害怕贫穷,只要脚踏实地地往前走,趁着年轻尽管尽情地折腾——折腾成功,变富人;折腾失败,就继续折腾。

总之,千万不要在年轻的时候假装不爱钱,那是你跟这世界和解的必经之路,是一种向上的力量,是不服输的倔强。

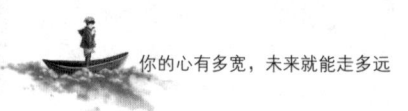

优秀的人，向来好看

1

可是我真的长得好丑啊，怎么办？我喜欢播音主持，但在我想要报名的时候，同学们竟然公然嘲笑我，她们说："这个对长相的要求很高的，谁那么瞎啊，会看上你？你醒醒吧，别做梦了。"

我没办法，只能忍着讪讪地赔笑道："是啊，我只是说说而已啦，我也知道不可能的，哈哈。"

说完我就沉默了，但沉默以后我哭了。你说，我该怎么办？长得丑的人连追求梦想的权利都没有吗？

在微信公众号的后台看到读者这段话的时候，她正一个人躲在卫生间里哭，她哭了很久，也埋怨了很久，埋怨这个世界因为她长得不好看而给她带去的种种恶意，埋怨父母没有给她一副好的皮囊，埋怨资质平平的自己，没有任何实力去为自己的长相扳回一局。

其实我不知道长得丑怎么办,我只想跟她说,真正厉害的人,从来不怕长得丑。

为什么会感触这么深,因为我曾经也很自卑。

从记事开始,我便总被人欺负,邻居家的小孩经常把我打哭,每次哭完我都在心里跟自己说:从明天开始,谁再打我一定要打回去!

可明天到了,我依旧哭着回家,一次又一次,无数次。于是我便明白了,我骨子里的怯弱已经根深蒂固了,再怎么下定决心都于事无补。我怯弱,因为我自卑。

上学以后,这种自卑感来得越发浓烈。

我的整个少女时代,都一直活在对别人的羡慕里,羡慕被老师提名表扬的同学,羡慕能在各种活动上大发异彩的同学,羡慕家境好、学习好、长得好看的同学。

可我刚好相反,我是那个学习不好、没有特长、长得不出众、各方面不出彩、连自己都嫌弃自己的暗淡的女同学。

直到有一天,我们班上新转来一位语文老师,他跟我说:"哇,小小年纪作文就写得那么好,前途一定不可限量。"

原来,我并不是一无是处。

从那以后,我便带着这句话所向披靡,即使依旧普通,但

内心深处那颗名为"自信"的种子,渐渐发芽了。

为了它能得到充足的营养,我一次又一次地鼓励自己,一定要出来见见太阳,一定要成为自己的光。你虽然不美,但是你可以努力变美。

没有人一出生就被剥夺变得更好的权利,那我们又何必自怨自艾?其实真正的美从来都不止于一张倾国倾城的脸啊,植根于内心的自信才是最有气质的美。

我见过很多神采奕奕的姑娘,她们都是因为优秀让自己的长相看起来格外有光芒,这就是自信的力量。

琪琪就是其中的一位。

2

琪琪是我在大学参加演讲比赛认识的,她一上台就吸引了我,不是因为她左脸上那块红色的胎记,而是其他的人都很紧张,但她不一样。

她的从容淡定和落落大方,让人感觉像是在跟邻居家的妹妹话家常。她不漂亮,但是所有的参赛选手里,只有她会发光。

后来,她披荆斩棘一举拿下了冠军。

我作为通讯社主编,自然要去采访她,一来二去,我们就成了好朋友。

熟络以后,我终于还是没忍住问她:"你为什么觉得是你的胎记成就了你?"

她笑着说:"因为从小我妈妈就告诉我,这块胎记是上帝做的标记,被选中的都是幸运的孩子,不能不爱自己,就算忘记了,也会有天使替你爱你。"

我不可思议地望着她,她接着说道:"我一开始不相信什么天使,但长大以后变得优秀了,我就信了,因为这个天使就是我自己。"

我被她的话惊到,久久不能平静。

是啊,天使其实就在我们身边,天使就是我们自己。我们的每一次坚持,每一次努力,每一次不放弃,都是我们值得变得更美的资本。

记得小时候我学过一篇课文,讲的是一个小女孩,因为不自信常年低着头,有一天老师送她一个蝴蝶结,她特别欢喜,逢人便笑。

然后大家都说:"哇,你今天好漂亮啊。"

她很开心,在心里说,一定是蝴蝶结的功劳。但是她回家以后才发现,蝴蝶结早就不见了。原来,她抬起头来自信的样子,才是最美的样子。

这个故事我记到了现在,脑海里一直回想着一句话:人不

是因为美丽而自信，而是因为自信而美丽。

其实我们每个人，都不是生来就很优秀。我们无法左右自己的基因，但是却可以决定自己成为一个什么样的人。

如果你不甘于自己如今的长相，就应该去努力，无论是外在还是内在，都可以通过后天的努力去提升，因为你努力的样子，就是最美的样子。

一边抱怨一边又无力改变的人，最丑了。

3

有多少人曾经被这句"善良没用，你得漂亮"深深地支控着，产生无数的自卑和恐惧。

我不是第一次看到这句话，但是每次看到都会有新的想法。也是因为这句话，我常常陷入一种无边无沿的惶恐中，像走进了一个死胡同，想不开，也走不出来。

人人都觉得长相和身材重于一切，只要长得好看，就能得到一切自己想要的，确实，美貌会给人带来一定的机遇，但这绝不会是决定性因素，真正起决定作用应该是能力和内在等综合因素。

长得漂亮是天生的优势，这本身没有错，但活得漂亮却是一生的优势。长得漂亮的人，不一定活得漂亮，但活得漂亮的人，一定长得漂亮。

长相不能决定气质，但由内而外的涵养和善良却能决定长相。就像林清玄曾在《生命的化妆》里说的那样："最深一层的化妆是改变气质，多读书，多思考，对生活乐观，对生命有信心，心地善良，关怀别人，自爱而有尊严。这样的人，即使不化妆，也丑不到哪里去。"

脸上的化妆只是最后一件小事。简单地说，三流的化妆是脸上的化妆；二流的化妆是精神的化妆；一流的化妆，是生命的化妆。

所以，长得不好看不是我们的错，但没有一颗变美的心，就是我们的错。毕竟变美，本身就是对自己的一种负责。

这里所说的变美，并不只是外貌而已，更多的是内在的气质。

在如今这样一个步履匆匆且"颜值为王"的时代，每一个人都活得像一盒快餐，匆匆吃完了就扔掉了，管它有没有营养。

步伐匆忙了，人心也躁动了。时间成本越来越高，视觉也越来越疲劳。于是，人人都在宣扬长相、身材，却没有人愿意沉下心来，看一本好书，沏一杯好茶，或者静下心说一说心里话。我们在一味的匆忙和躁动中，缺失了生命中某种应有的厚重。我们对于"美"的概念，越来越扭曲，越是追求外表，内心却越是空虚。

因为越追求，越渴望，越说明我们不自信。一个内心富足的人，会活得足够有安全感，他知道他生命的价值不会因为脸上的雀斑就受什么影响，也不会因为自己的微胖就莫名地感伤。

毕竟只有能力不够的人，才会用颜值来凑。而对于一个真正优秀的人来讲，颜值只是一个加分项。

所以，我们要走在变美的路上，要在意自己的形象，但比这更重要的，是懂得如何提升自己的内在，也就是如何给精神和生命化妆。毕竟长相不能决定气质，但由内而外的涵养和善良却能决定长相。

要知道，一直在努力变得更好的你，最好看了。

起风了,唯有努力生存

01

一个起风的夜晚,一条没有路灯的路。

我一个人呆呆地站在路边,双手插进大衣的口袋,等着回家的那趟列车从远处驶来。

眼前川流不息的车辆依旧不知疲倦,车灯明明灭灭,像是对这座城市的繁华和糜烂,表示些许的不满。

临近年底,这大概是一群不回家,或者回不了家的人吧。我想。

忽然就变得很惆怅,起风了,下意识地打个冷战,紧紧衣衫。

是的,起风了。我跟自己说,如果你不能像蒲公英的种子那样随风飘荡,四海为家,那就努力扎根,努力生存吧。

2

记不得这是第几次了,一样的临近过年,一样的无奈和心酸。

我常常在想,如果人这一生是一场旅途的话,那曾经在无意间路过的,一定是最美的风景吧。不然有些事情,怎么会隔得越久,记忆反而越清晰呢?

讲一个大一那年寒假,我遇到的一个故事。

当时我在一个商场的文体专柜做兼职,临近过年,广州基本变成了一座空城。所以除夕那晚,格外清闲。

外面的鞭炮声和商场里的音乐声,放肆地蹂躏着我最后的骄傲。我托着下巴趴在桌子上,任落魄感一泻千里。

"你好,姑娘,我想买一个玩具汽车。"

一个腼腆的声音在耳边响起,拉回我跑出很远的思绪。眼前是一个农民工模样的大哥,裤子和鞋子上全是泥土,说着一口"四川话版"的普通话。

我一边帮他推荐,一边闲聊:"过年了,没有回家吗?"

他无奈地笑了笑,黝黑的脸上露出格外洁白的牙齿。

"工地比较忙,一直走不开。再说,如果我们回去,就会有更多人回不去,我们是修路的。"

我不知道该说些什么,只是很难过。

他接着说:"过年就是家人团聚的日子啊,就算不能团聚,只要心里有爱,哪里都可以是家。对了,我有一对双胞胎儿子呢,所以要买两个一样的玩具,托老乡带回家。"

说到孩子,他两眼洋溢着幸福的光芒,腼腆憨厚地笑着。忽然我很想哭,心里被暖得一句话都说不出来。

这应该也是一个不善言谈的父亲吧,我想。他不懂得说很多爱你的话,却会用自己的双手给你想要的一切。除你之外,皆无挂碍。

他当时的表情,我一直记到现在。

3

哪有什么岁月静好,不过是有人替你负重前行。

每每想到这句话,我不仅会想到那个为孩子买玩具的农民工父亲,还会想起前些日子冬至,我在上班路上看到路边修地铁的一幕。

即使是在科技如此发达的今天,仍旧有很多工作需要人力去完成,几十个裸着上半身的男人,大声喊着口号,艰难地扛起一个特别粗大的柱子,看着他们青筋暴起的脸,我不由得想起家人期盼他们回家团聚的画面。

大概我是一个格外感性的人吧,所以看到这样的画面总是不由自主地红了眼。

我们现在所拥有的一切便利，我们所看到的一切现世安稳，都是因为有人在背后用身躯筑起一堵密不透风的墙，护我们安稳。

所以活着的每一天，我都格外感恩。

因为我知道，我之所以可以在逢年过节的时候和家人团聚，之所以可以背起行囊去想去的远方，之所以无忧地生活在如今这样一个和平盛世，都是因为有人牺牲了他们和家人在一起的时间，牺牲了自己的身体，甚至牺牲了自己。

他们或许有很多不得已，或许时常孤独，更或许，时常想家。

但是他们没有办法，这世界总是要有一些安稳，要用牺牲来换。没有人生来就应该被牺牲，但是每一个人都应该生来便懂得感恩。

4

写到这里，我想起在前公司整理关于贵州的文案时，有这样一张图一直萦绕在心里。

那是一个满脸通红、手上长满冻疮的孩子，他双腿跪在地上，趴在一个小木凳上，认真地写着作业。而他的背后有一面墙，上面用黑色的油漆写着"父母在外务工，勿忘家中孩子"12个大字。

忽然心就被触动了。

每每看到那张图,我便会想到山区里那些留守的孩子,想到那年寒假为孩子买玩具的那位农民工父亲。

心里很堵,然后眼泪就来了。

过年,家人团聚,朋友团聚,人人都在庆祝,人人都在祝福。

但是你不得不承认的是,不是所有画面都像我们所看到的那样美好,因为有些人过年无法与家人团聚。社会需要他,国家需要他,世界需要他。

他们是军人,是医生,是农民工,是机场或车站的工作人员,也是我们身边的低着头匆匆前行的每一个人。

曾多少次因见不到孩子,父母跑到孩子工作的地方,只为偷偷地看上一眼;曾多少次因见不到父母,孩子在无人的夜晚,痛哭失声;曾多少次为人子女无法尽孝,为人父母无法给孩子足够的爱和陪伴,错过了父母的晚年,错过了孩子成长的各个瞬间。

我心疼每一个不能回家过年的人,心疼每一个过年见不到父母的孩子,心疼过年见不到孩子的老人。

但我们这一生,无时无刻不在面临选择,有了选择必定会有得到和失去。有些人不能和家人团聚,但是他们所做的牺牲和努力却等于给家人买好的雨衣,无论外面怎样电闪雷鸣,他

们都能挽手前行，只要彼此有爱和期待，家就是最好的港湾。

5

说到底，我们都只是这个偌大世界里的普通人，时常觉得岁月蹉跎，命如蝼蚁。

人最无奈的一件事大概就是决定不了自己的出身吧，但人最庆幸的应该是有机会在有生之前做出改变。

因为你是你自己的，你不属于任何人。你或许永远都不能决定风何时起，雨何时下，但是你却可以在风起的时候努力扎根，努力生存，为自己和家人买一套质量好的雨衣，在雨里挽手前行；或者砌起一堵高高的墙，将所有的风挡在外面，在港湾里享受家的温暖。

林清玄曾经说："真正的生活品质，是回到自我。清楚衡量自己的能力与条件，然后在这有限的条件下，追求最好的事物与生活。"

很多东西是我们无法决定的，但是我希望无论我们经历过多少不平，有过多少伤痛，都能始终舒展着眉头过日子，内心丰盛安宁，性格澄澈豁达。

偶尔矫情却不矫揉造作，毒舌却不尖酸刻薄，不怨天尤人，不苦大仇深。对每个人真诚，对每件事热忱，相信这世上的一切都会慢慢好起来。

当实在撑不下去的时候,就跟自己说一声,如果你不能像蒲公英的种子那样随风飘荡,四海为家,那就努力扎根,努力生存吧。

总有一天,你的灵魂将不再流浪,你将拥有属于自己的家。

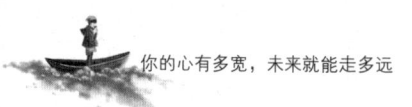

所有失去的，都会以另一种方式重新归来

1

没有不可治愈的伤痛，没有不能结束的沉沦，所有失去的，都会以另一种方式重新归来。

第一次看到这句话是在约翰·肖尔斯的《许愿树》里，但第一次切身感受到却是在大二上学期的重修课。

是的，重修课。说来实在惭愧，我在大一下学期挂了"计算机一"课，原因是我忘记保存了，最后交了白卷，导致直接0分。而在下学期补考的时候，我又睡过了头，错过了考试，所以只能在大二时重修。

这件事情在当时给我带来了沉重的打击，我一度觉得人生不完整了，有缺憾了，我的大学生涯也因此蒙上阴影，我是一个连计算机都需要重修的学生，我是一个学渣，我跟个废物一样，很没用。

但如今毕业一年了，回头再去看这个事情，我觉得根本不值一提。人这一生那么长，有多少我们曾经觉得再也过不去的坎，最后都变成了下酒菜，被笑着说出来？

而且最重要的一点是，有了那次重修的体验，我遇事再也不敢马虎，一次不小心可能会造成很大的遗憾，久久不能释怀。所以小到 Word 随时保存，大到人生大事再三斟酌，都是那次重修所带给我的收获。

所以你看，我失去了一个完整的大学体验，但是却收获了不同的感触。也就是说，失去的其实只是换了一种形式继续陪在我们身边，这种失去，都变成了经历，最后变成了处世的态度和做事的经验。

它们无声无息，无形无色，只是这样安静存在着。

当某一天，我们遇事不再慌张，不再着急下结论，而是懂得再三斟酌，那么就会懂得，这些曾经失去的教会了我们什么，而我们又在这漫长的时光里，学到了什么。

失去的，都变成了收获，那是一种被时光润色之后的沉着。

2

朋友曾经跟我讲过她在报社实习的经历，我至今记忆犹新。

那是她真正意义上第一次去独立完成一个采访，即使最后以完败收场，但她却一直深深地感恩。原本她是跟着经理一起去的，可经理的孩子忽然发烧住院了，这个担子就落在了她一人身上。

紧张，特别紧张，她的双腿在去采访的路上就一直在抖，越紧张越容易出错，果然，她到了以后发现弄丢了精心准备了好几天的笔记。

这下彻底完了，她连第一句要说什么都不记得了，牙齿一直打战。

采访的对象是一名女企业家，特别温和，看她是实习生，就一直跟她说："你不要紧张，我会全力配合的。年轻人，多锻炼自己是好事。"

她努力平复自己的情绪，硬着头皮上，可刚坐下来就打翻了桌子上的玻璃杯，"啪"的一声清脆地划破了好不容易堆砌起来的自信，气氛陷入尴尬，她的心也一点点下沉。

她急忙站起来，一边道歉一边去捡碎掉的玻璃碴，一下便割伤了手，血流下来，滴在办公室的地毯上。

那位女企业试图安慰她，但说什么都没用了，因为她被吓哭了。

最终，采访没有完成，以完败草草收场。但她那次只是被扣除了奖金，并没有被开除。她的经理语重心长地跟她说："你现在还年轻，犯错并不可怕，可怕的是没有在这次错误里学到东西，我给你机会去锻炼，只要成长了，就已经算是成功了。"

她一直心存感激，并将这几句话记在心里，付诸行动。

往后的日子，无论遇到大事小事，她都积极地去总结，去积累，去学习。慢慢地，她便发现，所有曾经失去的，都换作另一种形式重新归来了，它们叫作，人生的阅历。

原来，失去的从来都没有失去，它们都幻化成了经历存在在我们生命里。而人生是由不同的经历组成的，失去的，都会归来，就像河流，总会汇总，而汇总了，就完成了我们的一生。

3

人生是一张没有回程的车票，我们从出生的那一刻开始，便不能再回到过去。我们一路被时间推搡着往前走，一边不断地失去和得到，失去童真，得到世故，失去幼稚，得到成熟。

那些做错的事变成了经验丰富了我们，那些经历的挫折变成了阅历成就了我们，而那些随着我们长大而离开的人，也变成了天上的星星，在遥远的天边，指引着我们。

这段话我曾经在两年前，写在纸条上，夹在《伤离别》那本书里，送给了我一位从小玩到大的朋友。

她是忽然失去父亲的，听不进去任何劝，死活走不出来。

她的父亲是一名民警，在一次任务中被歹徒捅了一刀，原本并不致命，但送到医院以后，却被查出肝癌晚期。

无异于晴空霹雳，她的妈妈当场晕了过去。

从小到大，父亲陪她的时间屈指可数，她很小的时候，邻居家的小孩经常组团嘲笑她，说她没有爸爸。她总是哭着跑开，说你们都不懂，我爸爸是英雄。

她的爸爸真的是英雄，我们那时确实不懂，而当我们懂了，英雄却不在了。

很长的一段时间里，她都没有从阴影中走出来，她的爸爸生前一直教导她，无论何时都要乐观地活下去，即使不能为社会做出什么大的贡献，但只要做好自己，一心向善，就是了不起的一生了。

但她什么都不想要，只想父亲能够回来。

4

我送她的那本市川拓司的《伤离别》，讲的是一个很悲伤，也很温暖的故事。

书的尾页上写着：这部小说只应该有一个读者，那就是裕子，这是一个只为裕子一个人而写的故事。

裕子是女主的名字，她死去的时候，是23岁的年龄，和5

第一章

纵然长大扫兴，仍要尽兴前行

岁的身体。

是的，裕子得了一种很奇怪的病。23 岁那年春天，她的身体开始日渐缩小，最后变成了 5 岁孩童的模样。

裕子曾经失去过一个孩子，好朋友告诉她，有一片叶子，吃了就能起死回生，死去的孩子吃了叶子变成女儿，等女儿长大，两人便成了夫妻。

裕子说："我会变成一个细胞，回到原来的世界中静待重生。她会在那里等待，一直等待，等待井上君的到来。"

这么看来，井上君并没有失去裕子啊，裕子只是换了一种形式，继续陪在他的身边。

所以我始终坚信，所有失去的，都会换一种形式重新归来，即使这个人不在了，但这个人曾经留下的气息，他的思想和理念会一直传承下去，那么我们对逝去的人的爱和留恋，就是他们永生的证明。

有些人不需要说再见，无所谓在不在身边，因为我们知道，他们始终在我们的心里，在心里就够了，在心里是永恒的。

明白了这一点，朋友便放下了，她放手让父亲走，因为她知道，父亲从来不曾真的离开。父亲告诉她，要做一个乐观的人，要一心向善，而如今她的每一个笑容，她做的每一件好事，都是父亲活着的样子。

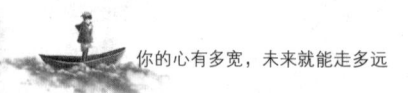

当她无愧在世的每一天,父亲终于又重新归来。

5

我曾经看过这样一个故事,心中感慨万千。

传说中,以前的企鹅是会飞的,但有只母企鹅因为翅膀太短,无论怎样都飞不起来。后来,大批企鹅飞走了,只有一只公企鹅决定留下来,陪着她。

为了找吃的,它们努力学会了游泳,很多年以后,它们坐在海边,母企鹅说:"对不起,为了我,让你放弃了天空。"

公企鹅微笑地看着她,说:"没关系,有了你,我才收获了海洋。"

我被这个故事深深地感动着,也由衷觉得,在这个世界上,从来都不存在真正的失去,如果事与愿违,一定要相信上天另有安排。

因为所有失去的,最终都会以另一种方式,重新归来。

做错的事,变成了经验;历经的挫折,变成了阅历;失去的人,变成了天使。我们这一生很长,但也很短,请一定要,笑着释怀。

余生还长，何必慌张

1

我第一次带妹妹去海洋馆是在她 5 岁那年。

跟很多小朋友一样，她兴奋得一路手舞足蹈，叽叽喳喳完全停不下来。小朋友就是这样的，对于新鲜事物永远有着超出成年人想象的好奇心和探索欲，所以这个世界于他们来讲，有着磁铁般的吸引力。

越是不懂，越是好奇，越是想要学习。而只要学习，就一定会走在向上的路上。而我们成年人呢，日复一日地与时光消磨，活得越来越通透，越通透就越不容易心动。对于这个世界的种种，也由开始的好奇，变成将就。

试想，哪一张饱经风霜的脸，不曾是当年那个无畏一切的少年？

我忽然想到了我的一位朋友。

她第一次参加品酒会是在她大四那年实习,当时在一家法国葡萄酒公司做实习编辑。

第一次穿抹胸礼服,第一次那么认真地化妆,第一次踩10厘米以上的高跟鞋。又新奇又紧张又期待,各种心情不断交织,不知何时手心竟沁满了汗。

一同前往的还有她当时的老板,那是一个优雅到无论到哪都集聚光灯于一身的女人,令同为女人的她都忍不住多看两眼。这里所谓的美不只是指她精致的妆容、优雅的谈吐和由内而外的气质,更是岁月沉淀下的那种迷人的从容。

沁人心脾的法国葡萄酒;余音绕梁的小提琴弹奏;年轻帅气的法国品酒师;拿着高脚杯优雅舞动着的人群,这一切的一切,此时在她眼里,都构成了她自卑的种种理由。

是的,她觉得自己是那么格格不入,别说是用流利的英文跟法国品酒师相谈甚欢了,她甚至都不懂罗纳河谷葡萄酒里的单宁是什么……

那种感觉就像是一条常年隐匿在深海的小人鱼,第一次偷偷爬出海面,看到蓝天时的激动、新奇以及茫然。她见识到了外面更大的世界,才真切地感受到自己的世界有多么封闭。

人似乎总是这样的,必须不断地充实自己,不停地往前走,不停地见识各种新奇的东西,才能不断超越,不断进步,不断寻求新的突破。

2

话虽这么说，但我知道，她心里其实一点都不轻松，说两句鼓舞人心的话安慰自己谁都会，但重要的是，如何做到真正地接纳并没有那么好的自己。

每一个张牙舞爪的背后，都有一颗格外不自信的内心，这一点她的老板深谙在心。所以在回来的路上，老板轻轻地问她："这次参加品酒会，有什么感受吗？"

她内心充满了尴尬和焦虑，不过也没打算隐瞒和伪装，于是直接说："第一次参加这么高级的宴会，我也是第一次觉得自己有多么差劲。它为我打开了一扇新世界的大门，而我却没有做好准备大步地走进去。"

她的老板笑了一笑，语重心长地跟她说："其实我一早就看出了你的不安，我只想告诉你，未来不是想出来的，而是一步一步走出来的。也不是所有的东西都要准备好，才能踏进一扇新的大门，有时候你可以一边走，一边学习。等你真正走进去了，也就学得炉火纯青了。"

老板的话使她想起杨绛先生说的那句：你的问题在于读书不多，但是想得太多。这里的读书不只是单纯地指看书，更多

地是指人生的阅历,以及自己身体力行的各种行动。

是啊,二十几岁的年纪,拥有安身立命的能力和发自骨子里的自信,谈何容易?但是这种不容易绝对不是体现在毫无来由的焦虑上,而是要在这种焦虑中沉下心来,一步一个脚印地走下去。

也唯有如此,才能在到达目的地之时,迸发出力量,拥有足够多的营养,来孕育一朵最娇艳的花。

听她说完我止不住地感动,太多的深以为然和感同身受。

尚且年轻和青涩的我们,远没有想象中那么强大,但是内心又格外倔强和好强,不允许自己暴露一点点的脆弱和服软。

我们都有一颗看似强大的心脏,但年龄和阅历的限制常常使我们不能承受其重,不太懂得协调工作和生活,常常将自己弄得神经错乱、遍体鳞伤。

3

记得曾经有一次我陪老板参加一个饭局,归来的途中,他语重心长地跟我说:"你们这一代的年轻人,真的比我们当年优秀太多了。我在你这个年龄的时候,什么都不懂,横冲直撞,四处受伤。年轻真好,年轻有大把的可能。"

我说:"可是不觉得年轻是优势啊,甚至有时候觉得,年轻不过是为自己能力不足所找的借口,年轻的时候没有经验,很多事情都做不好,努力的速度达不到自己的要求,就会变得很抑郁。"

我说的是心里话,因为见过太多同年龄却比我优秀太多的人,时常觉得自己特别差劲,很希望能变得成熟,变得波澜不惊。

他说:"不不不,你千万不要这么想,等你哪天真的成熟了,真的变得波澜不惊了,那么你的青春也就没了。"

听他说完,我想到蔡康永说的:会在乎青春的人,势必已经不在青春里了,会觉得自己在流浪的人,就势必将要结束流浪。

人似乎总是这样,当尚未达到某一个高度的时候,看什么都是发着光的,而自己一旦达到就会发现,原来也不过如此。而曾经那些站在低处抬头往上望的时光,才是这一生最宝贵的青春。

我们不会去要求一个刚出生的婴儿去解答一道小升初的奥数题,也不会让八十几岁的老人每天唱欢快的儿歌。那么为什么我们要求二十几岁的我们要有叱咤风云、所向披靡的能力呢?

每个年龄段都有每个年龄段该做的事情。

你羡慕别人30岁时的宠辱不惊,觉得自己一惊一乍没见过世面的样子特别丢人,可是有没有想过说不定他在你这个年龄还不及你从容?

你羡慕你的经理沉稳有内涵、睿智老练,觉得自己没一点实质上的东西只会夸夸其谈,殊不知他在二十几年前也是清汤寡水,受过多少不为人知的挫折和磨炼。

这世间所有的发展都有其相应的规律,不一样的环境、背景、阶段等不能相提并论,不具备可比性。人唯一能相比的就是自己。

如果今天的你比昨天进步了一点,那你就是一个优于过去的人。即使你知道你没那么快到达自己想要的高度,但至少你能确定,你已经在到达的路上了。

4

想来时间真是厉害,它像一把用来雕塑的刀一样,慢慢地将我们磨成自己想要的样子,但成长真的是一件值得庆幸的好事吗?

如果说成长的代价,就是对于已知的事物不再好奇,对于曾经经历过的不再心动,对于已经走过的路不再屑于回首,那么成长就是世间最锋利的一把匕首,深深地扎入我们的内心,却连一滴泪都流不出来。

成长是不断地和过去告别,也是和曾经的心动和孤勇,渐行渐远。我们变得无坚不摧之时,也是青春那块阵地,沦陷之时。

我们经历过,懂得了,看开了,于是便沉稳了。而沉稳了,人就老了。一旦心变得成熟而苍老,世故且现实,便对那些曾经的天真和幼稚,兴趣全无,甚至不屑一顾。

我们都曾是那般懵懂无知的少年,总是瞪着求知的眼睛,好奇地看着外面大大的世界。那时候我们心里装着远方,一腔孤勇地想要征战沙场,那闪闪发光的梦想,就是青春全部的模样。

我们对这世界不再好奇,不再心动,不是因为我们长大了,成熟了,而是我们在现实面前,学会了顺其自然,学会了退让以及妥协。

而我不能,也不愿。我不愿自己活得没有热情,不愿以一副看破红尘的样子,对这世界冷眼相看。我希望自己能在风雨里像个披荆斩棘的大人,阳光下像个纯良无知的孩子。世界简单,内心简单,灵魂一尘不染。

如果青春有张不老的脸,那我希望是最初的那般没见过世面。因为没见过世面的样子,才是青春该有的样子。而你一旦懂得,一旦成熟、沉稳、从容,青春也就没有了。青春没有了,人就老了。

所以,成长会是一件好事,只要你在认清生活的真相之后,依旧热爱生活,继续保持好奇心和探索欲,不断开拓自己,发现自己,从而成为更好的自己。

努力归努力,但你一定不要着急。毕竟余生还长,真的不必慌张。

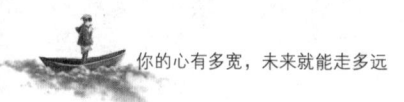

做好自己,就是最大的善意

1

说来巧了,在大家都说"月入3000的年轻人已经没救"的时候,我有个大学同学连3000都不屑于挣了。是的,她辞职了,回老家了。

也许是疲惫了大城市的繁忙,也许是随着年龄的增长,她越发觉得陪伴父母比什么都要重要了。总之,她在决定走的那一刻,眼睛里好像冒着光。

她在深圳一家上市的外贸公司做销售,每天见不同肤色的客户,跑不同的工厂,见过大清早的太阳,也坐过晚上最后一班地铁。

但是那又怎么样呢?我们人活一世,不能只为了面子。努力的自己看起来励志又悲凉,可自己真正想要的,不过是妈妈煲的那碗热汤。

她不想在看不见的未来里，横冲直撞了。

或许一辈子都买不起一套房，而家里的父母，在我们还在奔波的路上时，便已双鬓斑白，半身入土。

所以，她决定辞职，回家考公务员。留在家乡，或许以后会嫁做人妇，有一个可爱的孩子，不求富贵，但求安稳。

2

其实我是理解她的，越是繁华的城市，越是不能包容孤独的灵魂。渺小如我们，根深扎在地下，身体摇曳在风雨里，努力发芽，却迟不开花。

每一步都走得小心翼翼，但依旧避免不了遍体鳞伤。听过很多励志的故事，也灌了很多不同口味的鸡汤，但是营养，却始终跟不上。

于是，挣扎，怀疑，绝望。

可是我们大都忘了，自己真正想要的，并不是活成一个励志的姑娘，而是做自己就够了啊。

我们从来都不必活成任何人，别人都有人做了，我们做自己就好。没有人有义务活在别人的期待里，你又何苦逼迫自己？

大城市新鲜刺激，虽丰富却易麻木；小城镇平淡无奇，虽无趣却安稳。

有人向往"朔气传金柝,寒光照铁衣"的轰轰烈烈,为什么就不能有人更倾向于"采菊东篱下,悠然见南山"的无欲无求呢?

3

我同学属于后者,她辞掉了光鲜的工作,回到父母身边,每个月拿着固定的薪水,走一样的路,看一样的风景。

但是却觉得格外心安。她说,我觉得活得越来越像自己了。

其实像这样的例子,我们身边并不少见。

我朋友公司的一位同事,几经角逐最终得到了调入西班牙分公司工作的机会,但是最后的关头,他却选择了放弃。

因为他老婆怀孕了,家庭与事业之间,他有过犹豫、挣扎,但最后毅然决定选择家庭。他老婆是支持他的,但是他说,不到一定年龄,便不会懂得家庭的重要性。

想起《泰囧》里面的徐峥,当初为了"油霸"的项目不惜牺牲友情和家庭,但在泰国经历一系列的事情之后,他终于明白了家庭的重要性。

他没有跟老婆离婚,孩子也终于有了爸爸。

看着一家三口团聚的画面,我不知不觉流泪了。试想,如果当初他没有放弃"油霸",那么即使身价上亿身边也早已没有了可以分享喜悦的人,这样的成功,意义在哪呢?

4

以前听说过一句话,叫作:只能你能够活出自我,无论怎样雄心勃勃都不过分。

其实一样的道理,只要能活出自我,只要生活是你真正想要的,那么即使粗茶淡饭,麻布裹身,又有什么关系呢?

我们一步一步地活成了别人所期望的样子,在意升职加薪,在意企业效益,在意是否能够躲过一个个暗礁险滩,险中求胜。却唯独没有在意过,自己活得是否快乐。

我们身边的一部分人,都有一个共同点,那就是:只有成功了才算得上不枉此生;追求平凡和稳定,就是无能的失败者。

花开的声音是否迷人,流水流过有几分心动,这些都不重要,重要的是,这朵花开能赚多少钱,这个小溪的流水,值不值得投资?

我们活得越来越功利,也在这种功利里,渐渐失去了自己。

可是当走过平原、跨过大山,才会真正懂得,人一生所求不过平淡,大繁至简,简到极致,便是大智。

就像米开朗琪罗说的那样,我去了一趟采石场,看到一块巨大的石头,在他身上我看到了大卫,于是我去掉了多余的石头,

你的心有多宽，未来就能走多远

留下有用的,《大卫》就诞生了。

5

我常听人讲一个笑话。

说是路边有一个人,捂着鼻子抬头看着天,于是大家很好奇,也跟着他抬头看天,天上到底有什么?他在看什么?

你想知道,我也想知道。于是我们站成一排,齐齐地抬头看着天,殊不知,最先的那个人啊,不过是流鼻血了而已。

你看,我们用不理智的好奇心和一味从众的愚昧,在生活中上演了一部又一部滑稽的闹剧,却不知道最后讽刺的却是自己。

我们错就错在擅长模仿别人,唯独忘了做好自己。

物欲横流的世界里,人人都在追求所谓更好的生活,可什么是更好呢?一千个人里面,就会有一千个答案。但无论怎样,都请活出自己想要的模样。

请一定要保持对这个世界无限的求知欲和好奇心,你可以尽情地叱咤职场,年入百万,但如果你累了,请回家来,建一栋小小的房子,一个花园,一个书房,爱人在阳台看报,父母正准备出去散步,孩子在花园里追逐,向日葵努力地转向太阳。

没有身居高位,也不求大富大贵,只想在力所能及的范围内,做一个算计柴米油盐的普通人。

所以你看,月入3000并不可耻,年入百万也不一定就是成功。真正可耻的是,想要年入百万却甘心月入3000;想要回归平淡,却牺牲家庭开更多的会,出更多的差,接手更多的策划案。

怎样才算是成功呢?答案从来都不在别人的励志鸡汤里,而在你的心里。

就像约翰·列侬说的那样:小时候,妈妈告诉我,人生的关键在于快乐。上学后,人们问我长大了要做什么,我写下"快乐"。

他们告诉我,是我理解错了题目,而我说,是他们理解错了人生。

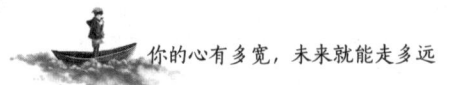

谁不是一边被嘲笑,一边含泪奔跑
——电影《摔跤吧,爸爸》影评

电影结束后,我一个人在夜晚空无一人的大路上奔跑,一边跑眼泪一边流。耳边呼啸而过的风仿佛在说,你虽然是个女生,但这并不是你如此感性的理由。

真的,很久没有为一部电影这么歇斯底里过了。与其说因为电影倒不如承认是为了那些仿佛身临其境的感同身受。

1

爸爸,我们为什么要完成你的梦想?

跟所有人一样,这部电影刚开始的部分,我对将自己的梦想转移到女儿身上的父亲万般不理解,甚至有些许的反感。

父亲马哈维亚·辛格·珀尕曾是印度的摔跤冠军,因生活所迫放弃摔跤。从此他就希望能生个儿子可以帮他完成梦想——赢得世界级金牌。

但命运跟他开了一个玩笑，他连续得了四个女儿。原本以为梦想就此破碎，却意外发现女儿身上的惊人天赋。

他不愿女儿像其他女孩一样只能洗衣做饭过一生，于是跟妻子说：给我一年的时间，如果不可以，我就放弃。

妻子答应了，从此以后，他严格按照摔跤手的标准训练两个女儿：换掉裙子、剪掉长发，开始进行魔鬼式的摔跤练习。

训练过程很辛苦，女儿几度反抗无果，甚至对父亲怀恨在心。

直到出去玩被发现，父亲大发雷霆之后，她们的一个同学说的一席话彻底改变了女儿对父亲的看法。她说："我羡慕你们，你们的爸爸这么对你们，是因为爱你们啊。他不想你们跟所有的印度女孩子一样，一出生就家务缠身，14岁就嫁人生子，一辈子相夫教子。只有成为摔跤手，你们的命运才能握在自己手里。你们的父亲为了你们能有自己的生活，不惜和全世界对抗，忍受着嘲笑。"

女儿们理解了父亲的良苦用心，开始进行更严格的训练。父亲为什么要逼我们完成他的梦想，无非是想让我们变得跟别人不一样而已。

2

面对质疑和嘲笑，你要做的就是往前奔跑

印度的历史上，从来没有女孩子成为摔跤手的记录。在他们眼里，女孩子是没有地位的，只能在家洗衣做饭看孩子。

所以全部人都在冷嘲热讽，等着看他们笑话。甚至当父亲辛格带着两个女儿参赛时，几乎遭尽所有白眼和侮辱。后来为了比赛的吸引力，才被允许破格参赛。

四周的观众全都排队等着看笑话，等着这个不自量力的女孩子被打趴下，被担架抬出去。裁判也一样充满了怀疑，但父亲说：

"人最大的恐惧就是恐惧本身，我女儿已经战胜了，不是吗？"

大女儿吉塔选择了一个最厉害的对手，由于第一次参赛没有经验，最后还是输了，但是却得到了50块的卢比，因为她输了比赛，但是却赢得了尊重，全场掌声雷动，经久不息。

这次比赛以后，吉塔对父亲说，想继续参赛。父亲曾跟母亲约定一年期限，一年以后，女儿可以选择自己的路。而女儿的路，就是成为出色的摔跤手，为印度赢取世界级金牌。

往后的日子，训练更刻苦，比赛更残酷。但面对质疑和嘲笑，吉塔和妹妹芭比塔从未放弃过。最终，吉塔赢取了全国的冠军。

3

能力可以被突破,但信念永远不能丢弃

获得全国冠军的吉塔成功进入了国家体育学院学习,接受更专业的训练,步入更大的舞台。

但是进入学校以后的吉塔变了,对于从小村庄里出来的她来说,眼前是一个崭新和新奇的世界,她开始涂指甲、留长发、逛街、看电影……甚至开始看不起父亲的教导方法,为了证明自己是对的不惜跟父亲正面较量。最终父亲输了,她更加怀疑甚至看不起父亲的那些方法。

这时候妹妹哭着对她说:"父亲不是打不过你,是父亲体力不行了,父亲老了,你没看到吗?"

这句话说完妹妹巴比塔哭了,我也哭了,我旁边的人也哭了。是啊,我们都忘了,那个英姿飒爽、雷厉风行的父亲,不知何时已经憔悴不堪了……

可吉塔依旧不屑一顾,收拾自己的衣服回到体育学院,她跟父亲间的隔阂也从此产生。只是她不知道,她走的时候父亲在楼上偷偷望着她的背影,有多么落寞。

失去初心并且骄傲自大的吉塔,接连输了很多场比赛,连教练也开始看不起她,跟她说:"有些人天生就与冠军无缘,你随便拿一个铜牌就可以了……"

吉塔彻底陷入崩溃的边缘,这时候的妹妹芭比塔也拿到了全国比赛的冠军,进入了国家体育学院。她跟姐姐吉塔说:"你找父亲谈谈吧……"

提到父亲吉塔瞬间泣不成声,在电话里哭着对父亲说:"对不起……"

和好以后,父亲为了指导两个女儿训练搬到了学院附近,每天早上培训两个小时。可最后被学院发现了要给予开除。

这是全剧的一个高能泪点,那么不可一世的父亲竟然为了女儿声泪俱下地开口求人,一句一句双手合十的"对不起,求求你,求求你……"使我几度陷入泪崩的边缘。

试想一下,为了自己的孩子,我们的父母,究竟还有什么是不能做的?而我们呢?又何曾为父母做过什么?

4

爸爸不是每次都能救你,你要靠自己

所有的成就都是由无数汗水与泪水浇灌而成的,如果还没有获得成就,只能说明汗水流得不够多,泪水流得不够彻底。

跟所有努力往前奔跑的人一样,吉塔最终赢取了代表全国参加国际比赛的机会。她的对手格外强大,赛场上她的心里一直想着父亲,父亲是她的精神支持。

当教练一遍遍让她防守的时候，只有父亲站起来说进攻。当所有人都以为她不行的时候，只有父亲的眼神格外笃定……

　　决赛的最后一场比赛之前，父亲与芭比塔坐在路边的凳子上，吉塔问："父亲，明天决赛我该采用什么技巧呢？"

　　父亲沉默了一会儿，对她说："你要做的，就是让人们记住你。如果你拿到了银牌，你很快就会被忘记。只有成为冠军，才能是榜样。而榜样，永远不会被遗忘。"

　　然后，父亲指着不远处的嬉戏的小女孩说："你看，如果你没有得到金牌，印度乃至整个世界的女孩子，都只能是一如既往地洗衣做饭，相夫教子。所以你不只是比赛，你是为所有女性赢取生存的主动权。"

　　此时的吉塔已然明白，她摔的不是跤，而是命运。

　　但决赛的时候，父亲被教练陷害，被锁进了一个小屋子里。没有父亲在身边的吉塔一直不在状态，一直接连溃败，最后想起小时候的自己溺水的一个画面，父亲站在桥上跟她说："你要自己想办法，吉塔，父亲不是每次都会站在旁边救你的，能救你的，只能是自己。"

　　想到这，吉塔沉静下来，在几乎大势已定的最后十几秒内完成了一个父亲教她的被认为是难以实现的动作，一举拿下5分使局面扭转，她赢了，她得到了世界冠军……

全场尖叫欢呼,吉塔失声痛哭跪下亲吻脚下的舞台,观众席上的妹妹、堂哥、电视机前的母亲以及全村人也几近崩溃大哭,为梦想哭,更是为了追求梦想的人。

印度的国旗高高地升起,国歌格外嘹亮。被锁起来的父亲听到国歌瞬间痛哭失声,门被打开以后飞速地跑出去,女儿走向他将奖牌放进他的手里,他泣不成声地抱着女儿,终于说出了那句一直没有说出口的话:

"你是我的骄傲。"

5

成功之前,谁的梦想不是被人一路看不起?

在写这篇文章将近三个小时的时间里,我一直在单曲循环那首《追梦赤子心》,耳边一遍一遍地回绕着GALA嘶吼的声音:

"向前跑,迎着冷眼和嘲笑,生命的广阔不经历磨难怎能看到,命运它无法让我们跪地求饶,与其苟延残喘不如尽情燃烧吧……"

老实说,我之前写过,我们已经过了通过灌鸡汤来麻痹自己的年纪,而我也不再写纯粹的鸡汤。而这部电影给我最大的启发就是,永远不要跟任何人去解释你的梦想,直接去做就好了,等你成功之时,所有人都会闭嘴。

没有人有资格对你的梦想指指点点,更没有人天生就应该被人看不起。

话说回来,我们努力是为了给那些看不起我们的人看的吗?不,我们努力只是为了证明自己可以,我们知道自己值得更好的一切。

另外,这一路走来必然会很艰难,少不了质疑和嘲笑,但没有关系,尽管往前奔跑,总会有人用生命去相信你,守护你的信念和初心。

那个人,就是我们的父母。

所以我们都不要轻言放弃,每个孩子,都应该努力成为父母的骄傲。而我们一直都不知道,其实从出生的那一刻起,我们就已经是父母的骄傲。

纵然长大扫兴,仍要尽兴前行

1

最近我一直在卧床养病,基本什么工作都没做,但总闲着也不是办法,于是接了一个广告软文。

从早上起床到下午六点,一直不停地查资料、撰写、编辑、修改到最终确认,伤口隐隐作痛,饿得头晕眼花,可是最后却被告知一句:算了吧。

算了吧。

对,就是这简单的三个字,一瞬间将我从山顶推入谷底,我明显地感觉到自己一点点地往下沉,难过得没有任何知觉。我愣在那里半天没有作声,然后眼泪唰一下就下来了。

她不住地道歉,说耽误了我的时间。我说没关系,怪我一开始没有了解清楚,我也有问题。

是啊,我有问题,我太有问题了。我怎么突然变得这么矫情?

想到这我忽然特别想回家,我不明白为什么要让自己活得这么累、这么委屈。拯救世界明明是超人的工作,而我们的工作,自始至终都不过是拯救自己而已。

长大真扫兴。

不是第一次被人拒绝,却是第一次因为拒绝而脆弱得一碰就碎了。

独自在外奋斗的日子,多的是说不清道不明的委屈,我们一直都习惯将"坚强""勇敢""独立"等一些发光的字眼往自己身上贴,不管是不是能承受得住,至少看起来特别酷。

酷就行了,酷就够了,酷可以让自己的爸爸妈妈看着特别放心,可以让身边的人感到小小的正能量。

于是,一天又一天,一年又一年,我们终于因为习惯坚强而变成了一个不敢哭的人。

不敢跟人诉苦,怕人说自己负能量,总是四处抱怨;不敢展示脆弱,怕自己一旦开了头,就再也站不起来了;不敢发泄自己正常的情绪,于是活成了一个特别"假装"的自己。

这样明明很累,这样的自己明明一点都不开心。

但是重要吗?这世界每天都运行得那么快,每个人都想着飞得高一点、远一点,又有谁真的在意你飞得累不累呢?所以渐渐地,"开心"变成了一个我们不敢轻易去触碰的词,变得很高尚，变得离我们越来越遥远。

我们眼里只有金钱、事业、理想和欲望。但如果"开心"不再重要，那我们活着的意义又在哪里呢？我们终其一生，使尽浑身解数，也不过是为了使自己变得好一点，再好一点。

很多人都说，懂事的孩子不幸福，太理智的人大多无趣，因为他们已经跟生活和解了，他们看透了一切，他们觉得情绪是世界上最无用、最多余的东西。

于是渐渐地，生活变成了一汪毫无波澜的死水，每天都是同一副老样子，按部就班，不痛不痒。但这并不可怕，可怕的是时间久了他们理所当然地妥协，认为生活本该如此。

这是一种无力反抗之后的习以为常，这种妥协，让人有着杜鹃啼血般的心疼。

罗曼·罗兰说："世界上只有一种英雄主义，那就是在认清生活的真相以后，依旧热爱生活。"那么压抑真实的自己假装快乐的你，又怎能是真的热爱生活呢？

2

我不希望我们会成为那样的人，我希望我们想笑的时候就笑，想哭的时候就哭，无论在任何时候都对自己保持诚恳，不逞强也不假装。

难过了可以哭，哭完以后就去打仗。

写到这里，我忽然想到一位陌生的姑娘。

当时是晚上八点左右，在肯德基的一个小角落里，她戴着耳机，跟电话那头的人说：

"妈你放心吧，我怎么会一个人吃饭呢，很多朋友陪我一起的，他们还送了我很多生日礼物呢。放心吧啊，我挺好的，那个，我先挂了啊，我们要吹蜡烛了……"

挂完电话她一边吃一边眼泪哗哗往下流，明明她的身边一个人都没有。

而这个时候，我最想跟她说的不是"生日快乐"，而是希望她能拿起电话跟她的妈妈说"妈妈，我可以哭一会儿吗？我想你了，我想回家。"

是啊，你明明活得那么累，为什么连哭都不敢大声？

于是，我更加坚定长大就是一件很扫兴的事情，长大以后的我们，越来越不敢做自己，甚至觉得做自己是一件很拿不出手的事情。

这种事情，在生活中不止一次地发生。

以前我特别讨厌别人逢年过节的时候群发祝福给我，除非是关系还行，我会提醒一下说，你也节日快乐，以后群发的就别发了；关系不怎么样的，都是二话不说，直接拉黑。

但是今年端午节，我发现我变了。看着那些一大堆表情堆砌起来的群发信息，我不仅没有生气，还耐心地一一回复，谢谢你啊，别忘了多吃几个粽子。

这种变化使我特别意外，不知道从什么时候开始，我的性格变得那么柔软。哪怕是群发的信息，我都觉得特别暖。没了张牙舞爪的戾气，也明白了人跟人之间的不同。并且可以以一颗理解和包容的心，尊重这种不同。

于是，我将这种细微的变化，叫作长大。

其实我真的不想拉黑他们吗？我想，但我不能，因为我知道，那样不成熟。

所以我想，有些时候我们不是不敢做自己，而是在无形中，渐渐成为了更好的自己，跟之前的自己比起来我们多了些沉稳和内敛，只是还没发现，就误以为自己变了。

3

记得蔡康永老师说过，长大其实是一个扫兴的过程，我们会执着于过去开心的事，然后跟现在做个对比，就开始沮丧了。

其实开心的事情是一样的，只是我们的心境不一样了。那个时候开心很容易，给一颗糖都能开心很久。现在哪怕给个鱼塘，也不过如此。于是，我们开心的点高了，笑点高了。慢慢地，开心就变得困难了，也没那么容易就笑出来了。

所以你说，这是长大的错，还是我们的错？

我们一早就应该就知道，我们不断向前，人生不断变化。而我们要做的，就是哪怕扫兴，也要尽兴前行。

在写这篇文章的时候，我一直在跟一位朋友聊天。

她说她上周去香港出差时，买了一块 3000 多元的表，她很开心，因为这是她有生以来送给自己的最体面的礼物。

见客户的时候，她拿着自己的苹果笔记本，戴着那块表晃啊晃，心情特别好，自信心变得特别强，谈判的效率，也变得特别高。

她忽然发现自己已经好久没有开心过了，每天被各种工作塞满，忙到没有停下来问自己一声："你快乐吗？"

是啊,长大以后的我们,开心和快乐这种看似稀疏平常的事，竟变得那么奢侈。你说我们走那么快，哪天会不会忘了，当初为什么出发？成长是不可以避免的，我们不能抗拒前进，又怎能抗拒那颗本就应该快乐的心？

你说我们这样对自己，是不是有些残忍？

大道理听了一箩筐，也经常自己劝自己，自爱者方能爱人，一定要对自己好一点。

但事实上却总也做不到，有多久没有吃过早餐了，有多久

没在晚上十点前睡过了,有多久没有畅怀大笑过了。

我们都很怕长大以后的自己,会变成自己曾经最讨厌的样子,但当那一天真的到来,我们就会发现,其实这样也没什么不好。要知道,长大以后的生活并不是无趣,无趣的向来都是执拗的我们。

如果我们试着选择热爱,生活未必不会多姿多彩。

4

总是说长大,究竟什么才是真正的长大?不同阶段的自己,总会有着不同的答案。

对现阶段的我而言,长大就是学会了屏蔽嘈杂。知道了什么东西是自己需要的,什么是自己喜欢的,然后理性地去判断,从而做出最正确的选择,或许会后悔,但一定不会遗憾。

为人处世也是一样的。知道谁是真心的,谁是为达到某种目的而别有用心地接近;知道哪句话是真的,哪句话是假的;也知道了哪件事是真的为我们好,哪件事不过是表面的客套。

懂了,也便不再计较了。

明白这是生存所必需的包装和伪装,谁都不易,谁都有目的,我们无法左右,更不能有一丝一毫的撼动,只能竭尽所能地融入,但时刻谨记,以做好自己为前提。

这是圆滑和世故吗？我觉得不是，这应该是成熟。

年轻的时候总想着去改变世界，长大了却只想着不被世界改变。

大概初心才是这世上最美好的东西，但守住初心谈何容易？所以我们会一遍遍地打碎自己，然后再重新组合，不是自己想要的，但却是最适合在这世上生存的。在这一过程里，我们会逐渐意识到自己的渺小和微不足道，这一意识就是认识世界的开始，在此之后漫长的一段时光里，我们竭尽全力说服自己与这世界握手言和，哪怕头破血流，哪怕怀疑人生。

这是成长必经的路程，而和解了，就长大了。

所谓长大，不过就是逐渐变得柔软的过程，依然有壮志和野心，却不再盲目；依然有底线和坚守，却不再冲动。

少了些戾气，多了些温柔。

我们温柔了，世界就温柔了。因为不温柔的一面，都被自动屏蔽了，它依然存在，却早已不足为谈。

存在即合理，每一个人或者每一个事物都有其存在的价值，可以不喜欢，但却不得不尊重。既然如此，何不选择一种酣畅淋漓的活法呢？

无论你如何策马奔腾，都是独一无二的风景，不必在意别人异样的眼光，这一生并不长，希望你只留给自己。

未来的日子还有很长，希望以后的每一天，你我都能有这种无负今日的厚重感。不辜负每一个日出，不遗憾每一个日落。入睡之前是无愧我心的，醒来之时是满怀希望的，那么于我们来说，这便是最值得过的日子了。

人生就是这样一列不断前进的列车，我们既不能停下，何不勇敢向前？心向着远方，眼睛里装着路上的风景，过去不忘记，此时不焦虑。

并且在心里默默地告诉自己，纵然长大的过程必然扫兴，那么长大以后的路程，一定要尽兴前行。

希望看到这篇文章的你，在心生感慨之际，满怀期待地选择热爱。

请一定要和我，一起加油。

第二章

你就毁在凡事只求差不多

生活不会更容易，但你可以更强大

1

打开微信公众号的后台，忽然蹦出这样一则留言。

一位女生说："如何才能像你一样靠写作来养活自己呢？我想成为一个很厉害的人，就像现在的你一样。"

我忽然觉得有点恍惚，不知在何时，我竟已活成了别人眼中那个"很厉害的人"。

加了好友，她跟我说了很多自己的困惑。

她从小就很自卑，一直觉得自己处处不如人，特别是工作以后，这种感觉更强烈了。她在一家广告公司做设计，但是越来越不喜欢这份工作。她说无论自己怎么努力，总是不尽如人意，被采纳的方案永远不是自己的，被升职加薪评为优秀员工也跟自己无关，甚至老板都不曾真的看过自己一眼。

没有存在感，整个人变得垂头丧气，渐渐地，她对什么都没有兴趣了，想跳槽，但是不敢；想改变，又不知道从何开始。

我静静地等她说完，陷入了长久的沉思。

最后她问我："你说，人活着的意义在哪里？"

人活着的意义在哪里？不同的年龄段，不同的见识和阅历，应该会有不同的理解吧，对我们二十几岁的年轻人来说，我觉得活着的意义就是不断地发现自己，发现自己人生更多的可能性，以及自己所具备的各种潜能，找到自己的兴趣并且不断地去发掘，使日子变得鲜活且有使命感，生活就会变得日益多彩和厚重。因为那种不断清晰的自我认知会带来莫大的自我肯定，这种感觉，充满着源源不断的向上生长的力量。

而这一切的前提，首先是，学会跟内在的自己和解，试着去相信自己、肯定自己。如果你觉得不行，那便是从根源上扼杀了自己的可能性。

要知道，世界上最痛苦的事情不是失败，而是我本可以成功。

回到最开始她的那条留言上，她说希望自己成为一个如我一般厉害的人。但"厉害"的标准在哪里，每个人都有自己的评判界限。于我来讲，我并不觉得自己很厉害，因为我离想要成为的自己还有很长的一段路要走。如今所能看到的都是日月流光般的璀璨，看不到的都是茫茫心酸。如果非要说有什么值得称赞和学习的，那不过是在月落星沉之前，比常人多了一份

吃苦的决心并且多了一份坚持罢了。

其次,能否靠写作养活自己,这个也要看"养得起"的标准在哪里。人不断地往前走,见识越多,对自己的要求会越高,相应地,所遇的挫折也会增多,而人本身只有不断地升级和精进自己,才能配得起自己想要的生活。所以这个"标准"是在随时更新的,上学的时候,觉得月薪3000好多啊,可以花很久,但真的步入工作以后,你会发现哪怕是3万,也依旧不够花。

但这并不见得是一件坏事,人的认知和对自己的要求提升,说明正在走上坡路,即使以后的生活不会变得更容易,但我们却可以变得更强大。不要害怕,面对未知的凶险,我们有的是应对的筹码。

如果说成功有捷径的话,那就是去靠近一个优秀的人并且向其学习,但前提是要明白,没有人可以复制另一个人的人生,别人都有人做了,我们只需做好自己。可以向其学习,但千万不要盲目相比,因为别人所走的路,你不一定走过,别人所吃的苦,你未必能吃。

所以,不盲目羡慕他人,不妄自菲薄否定自己,是一个成熟的人应具备的基本素质。

2

我始终相信世界是公平的,每一分努力最终都会被承认,如果暂时没有,也请选择相信,并且坚持下去。

我有个学弟,刚入职不久的时候,曾跟我聊过一次,他那时险些抑郁,工作压力大到恨不得从楼上跳下来,让生命戛然而止,压力随风飘散。

他在一家外贸公司跑销售,因为是男生,又很内向,这样让他显得更不出众了,每天都要面对客户的百般刁难,无论多难缠多苛刻,都要不停地迎合。每天熬夜到凌晨一两点,但依旧不能事事如愿。

这使我想起了《欢乐颂》里的职场新人关雎尔。

她被同事米雪坑过以后,哭着说,长大好累,工作也好累。我那时隔着屏幕都想给她一个拥抱,因为那一刻的她,其实就是我们自己啊。

这时候的年轻,真的是件值得骄傲的事吗? 我有时候会悲戚地想,那些扬言说年轻就是资本的人,大抵除了年轻,真的一无所有了吧。

但这种想法很快就被我自己推翻了。

因为年轻意味着你可以有大把的时间去试错,并且可以在这些错误里增长自己的阅历、眼界以及格局。许多年以后,这

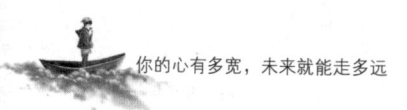

些你走过的泥泞,都会是别人生命里没有的风景。

我们都不能确定未来的日子会不会更容易,但可以确定的是,未来的自己要比现在的自己强大得多。

什么时候我们会觉得身边的贵人越来越多?答案一定是在我们日趋强大以后。

我第一次有这样的体会,是在朋友写出第一篇爆文的时候。跟很多作者一样,她也一直有一个出书的梦想,但闷头努力了很久,却始终写不出成绩。

也曾经想过放弃,但多少次放弃就多少次重新拾起。

后来,她写火了一篇文章,作品被搬到了各个媒体的头条。于是,那些平常连发信息都不屑于回复的人,忽然变得特别温和。

再后来,她接连认识了很多出版社,诚心向她请求合作。她答应了,却再也没有卑躬屈膝的被动了。

她说,那一刻她才明白:这个世界之所以公平,是因为它承认每一个人的努力,在自己没有发光之前,永远不要怪别人没有眼光。因为你暗淡的时候,他们根本找不到寻你的路。

当你发光了,他们自会寻光而来。

而在此之前,所有的抱怨都是无济于事的,除了加重你的负担让你变得更加挫败以外。

所以,相比于诉苦,我更希望我们能学会苦中作乐,好好经营自己以及自己的生活。希望我们能拥有一颗菠萝心,即使被盐水浸泡,依旧可以有甘甜的味道。

3

我很喜欢夹娃娃,对夹娃娃机简直到了痴迷的程度,虽然每次夹都很难夹到,但夹的过程却让人格外上瘾。

有时候几十个游戏币都石沉大海,有时候一两个就可以得手,也正因为这种不确定性,才格外吸引人。

每次都会差一点点,每次都觉得,自己只要再努力一下、坚持一下,就可以得到自己想要的。

其实,玻璃窗里的娃娃就是一个我们想要的多彩缤纷的世界,心心念念地想要得到它,就像孩提时代那些心爱的玩具,得到了,就是全世界。

有时候朋友会问,为什么不自己买呢,几十块钱可以买到一堆娃娃。

可是意义怎么能一样呢?也许我们所追求的,只是自己为想要的娃娃所做出的认真和努力,那种过程,格外让人心动。

生活在一个节奏特别快的年代,却从不想过着快餐一样匆忙而又没有营养的生活。每天都渴望遇见一些新鲜的人、新奇的事,使自己保持不断追求和探索的好奇心。

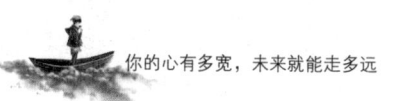

而夹娃娃机里面,那个缤纷的大世界,就是我们心心念念想要得到的一个诱惑,但是在此之前必须要有足够的耐心,即使失误很多次,失败很多次。

因为我们心里总是知道的,再坚持一下,再多尝试几次,玻璃窗里那个心爱的娃娃,就一定会是我们的。

毕竟生活不会变得更容易了,但我们,却早已变得更强大。

所以,你要努力,但是不能着急,因为你所经历的不如意,都有其赋予你特殊的意义。

请一定,不要放弃。

无负今日，才是一生最重要的事

1

两年前我跟朋友一起合租，小区楼下有一家特别好吃的早餐店，几十年的老字号了，如果要去吃，每次都要排很久的队。

有一次，我因为赶一份项目的策划案，直接熬到了黎明，于是早早排队去打包，那个味道，很久都没有忘掉。

从那以后，我就再也没吃过。

因为我经常熬夜，一熬夜早上就起不来，那时候总是急匆匆地赶车去单位，连打包都来不及。

我总是跟自己说，明天一定要起床早一点，再早一点，去吃早餐。

可是明天好像总也过不完，一天又一天，就这样跟自己说了将近一年，依旧没有吃上那家的早餐。

后来，我搬走了。

真的，我再也没有吃过那么好吃的早餐了，也再也回不去那些每天跟自己说要早起的日子。于是，我猛然意识到：原来人生最难的，不是不知道明天该怎么办，而是我们再也回不去昨天。

毕竟昨天的太阳，永远晒不干今天的衣裳，一定要今日事今日毕，否则一转眼，今天就变成了昨天。

2

错过了一家好吃的早餐店，耿耿于怀一段时间就过去了，毕竟可以在另一个地方找到类似的，甚至可以吃别的东西来代替，都没有关系，哪怕已经不是曾经的味道，只要喜欢就好。

可是人呢，人不一样，不懂得珍惜在一起的点点滴滴，一旦失去，便永远都无可代替，即使有来生，也不再是那日那时的音容。

闺密大姚说，这一点她感触特别深，特别是外婆去世以后。

她曾经在一家自媒体公司做商务，严格来说根本没有周末或者假期，她又特别努力，每个月的业绩都要力争第一，哪怕是过年，都一直在公司加班。

也正是在那年过年的时候，外婆得了心肌梗塞，被发现的时候已经超过了12小时，错过了做支架的最佳时间，只能靠吃药艰难地维持，没办法，外婆年纪大了，只能过一天算一天了。

后来，外婆走了，走的时候很安详，如果临走前没有念叨她的名字的话，外婆今生应该没有遗憾。

这件事她久久不能释怀，一直自责到现在，她觉得外婆去世是她一手造成的，如果她早些回家，在她身边陪着她，就能及时发现，这一切或许就不会发生。

可是这世界哪里有那么多如果呢？有的只是结果。

她是外婆一手带大的，而如今外婆的骨灰盒却给了她一记沉重的耳光，业绩第一又如何？即使身价上亿，外婆也不会再回来了。那些还没说完就匆忙挂掉的电话，如今再也不会有人打来了；那些没完没了的挂念，再也不会有人跟她唠叨了。

她长大了，外婆老了，那些再也回不去的昨天，终将变成记忆，存在脑海里、记忆里，以及心里。

直到失去才说懂得，已然无益。

但过去的总要过去，人的目光所及之处不能只是眼前的繁复琐事，还要是远方的星辰和大海，如果我们能在一段失去里学会珍惜，那么失去的本身就有意义。

于是，大姚重新审视了一下身边的亲人，内心充满感恩，原来亲人安在，尚且陪在身边，便已是半世里最殷实的幸福。

3

其实纵观我们的一生，不只是失去一段感情抑或一个至关重要的人才懂得要去珍惜，时间更是如此。

拿我一个学弟来说吧，当时跟他促膝长谈了很久，他不过是今年刚出来实习而已，尚且不足半年，便已经开始感慨人生了。

他大学跟我一样，读商务英语专业，当时我们同在一个社团，我任主编，他在宣传部，人长得帅气，聪明、有想法，但总是习惯性偷懒。

他接连换了好几任女朋友，也接连挂了好几科，但他毫不在意，经常跟我说的一句话就是："趁年轻，尽管折腾。"

但他毕业以后参加工作了，才发现再也折腾不动了。

男生做外贸业务员本就比女生困难，而且他专业知识并不过硬，四级连考三次才勉强考过，口语不好导致他面试第一轮就被刷掉了。

后来他谋到了一份业务助理的工作，每天忙到天昏地暗，连最基础的翻译都要求助同事或者软件。

他跟我说，现在特别后悔，大学时总觉得时间多，大把大把地荒废掉，即便如此依旧觉得无聊，但毕业以后才发觉，那些无聊的时光，今生再也不会有第二次了。

你看，其实人生的很多时候，都是身在福中而不自知，直到彻底失去，才悔不当初。

如果我们在一开始就明白，人生没有彩排，每一天都不会重来，如果从一开始就做好当下的每一件事，那么人生的结果，会不会就变得不一样？

答案我们不知道，但能确定的是，今天不努力，以后遇到棘手的事，一定会后悔当初的不作为。

"书到用时方恨少"这句话不只是在书本里，还在我们日常生活和工作的点点滴滴里，你今日感觉不到，等明天感觉到了，也就晚了。

4

明日复明日，明日何其多，我生待明日，万事成蹉跎。

就像那个再也无法回去的早餐店，无论我以后活成多厉害的样子，都无法找回那种满怀期待的心情。

就像已然逝去的亲人，再也不知你烧了多少纸钱，不知道你的孝心有多感天动地，他们只在意，在此之前你有多少陪伴和真心。

就像如今步入社会的你，再也无法找回曾经那些被肆意挥霍的青春，无论你荣耀还是狼狈，人们承认的，只是你拥有的实力。

这世界真正的残忍之处就在于,无论你荣耀还是狼狈,都永远不会有再来一次的机会。生活也不是抽奖,不是你幸运地抽中了,就能回到曾经,让一切重新开始。在现实面前,我们的无力在于回不到过去,但所能左右的,却是整个未来,只要把握好现在,就可以减少很多遗憾,因为你要知道,无论是上进还是懒惰,未来的你通通都会为此买单。

5

我曾经在网上看到一段话,说:"什么都不会跟着你一辈子,青春不能,美貌不能,恋爱也未必可以白头到老,甚至金钱也说不定什么时候就不辞而别,但是你那些年为赚钱而习得的能力,会跟随我们一生,救我们于每一次的水深火热之中。"

这不是鸡汤,这是生活。

我对这段话最大的感触就是,唯一可以使我们这一生开满鲜花并且掌声雷动的捷径,就是对自己的严格要求和不断精进,只有日复一日成为比昨日更强劲的自己,才能拥有预防未知的能力。

那么就让过去的不堪和遗憾过去吧,无论昨晚是翩翩起舞,还是泣不成声,都已经成为定局,且永远无法复制。等到第二天的太阳照常升起的时候,沐浴在阳光下的,就一定是全新的我们。

  时间一直在走，我们一直在改变，人不能两次踏入同一条河流，而我们也不能固守某一个难舍难分的时刻，保持原地不动。那么唯一可以走的更远更宽的路，就是成为比昨天更好的自己。

若是狮子，何必炫耀

1

我妈去菜市场买菜，回来以后一脸震惊。

原来，那个经常跟她吹嘘自己家很有钱的王阿姨，忽然得了癌症，还是晚期，最让人难以置信的是，她竟然连医药费都出不起。

我对她印象很深刻，像她这个年龄还保养得这么好的人并不多。

她经常逢人就说，自己的命特别好，嫁了一个好老公，对她特别宠，每个月都给她很多钱，都不知道怎么花，她经常背着LV去买菜，说，质量好，耐磨。

所以得知她出不起医药费时，我和我妈都震惊了。原来王阿姨前几年就跟老公离婚了，那个男人觉得愧对她，每个月都会给她一笔钱，而她全部用来买了奢侈品。

如今她一个人躺在病床上，她的LV看起来也并没有那么漂亮。

什么样的人才会喜欢炫耀呢？答案应该是那些过得很糟糕的人，因为越是缺少的，才越是炫耀。而相反也一样，什么都不缺的人，是不会刻意炫耀的，因为他内心没有自卑感。

2

我读高中的时候，有一个很漂亮的女同学，在我们还穿着20块的布鞋时，她就已经穿最新款的 Chanel 了。

那时候我们都对奢侈品没什么概念，只能任凭她盛气凌人，她看不起我们每一个人，觉得土鳖不配跟她做同学。

有次开家长会，我们第一次见到她的妈妈，那是一个开豪车、穿名牌的精致女人，但即便如此，她还是成了全校的笑话。因为另一个女人冲进班里，打了她，骂她是狐狸精。

后来那个同学转学了，她走的时候没有人送她，大家都讨厌她，但是我却有点可怜她。

她花尽一切心思，试图用表面的光鲜来埋葬内心的委屈，说到底，不过是因为自卑而已。日子过得好不好，其实只有自己知道。

毕竟真正过得好的人，从来都无须炫耀。

3

去年八月份我回郑州，约了很久不联系的老同学见面，现在的她，已经成了传说中的"拆二代"。

她们家住在一栋很破旧的老城区里，后来城市扩建大规模拆迁，政府补给了一大笔钱，在我们看来，一辈子都花不完了。

但是她研究生毕业以后，却在一家广告公司实习，每个月拿着2000多块钱的工资，连全勤奖都不舍得放过。她的妈妈开一家早餐店，特别辛苦，连买双Adidas都要犹豫再三。

我一开始很不理解，就问她："你们家既然都这么有钱了，为什么还要那么累呢？"

她说她妈妈告诉她，不是有钱了日子就跟着贵了，真正的高贵是要把日子过出滋味。人活一辈子，最贵的，不过是那抹烟火味。

而所谓烟火味，大概就是踏实吧，始终脚踏实地，认清自己。内心富足不跟人攀比，精神丰盈不盲目炫耀，即使腰缠万贯，依旧不声不响。

因为生活真正的贵重，在心里，不在你背着的LV里。

4

以前我在网上曾经看过这样一个故事：

一个年轻人牵了一只价值百万的纯种藏獒出来遛弯，逢人便炫耀自己的狗有多好。

他看到路边有一个秃顶老人，身边还坐一只毛都快要掉光了的狗。他的藏獒对那狗一顿嚎叫，可那只狗理都没理。

年轻人不乐意了，说道："老头，你那狗那么大，是什么狗啊？要不咱俩的狗斗一下？你输了给我500，我输了给你2000。"

可老头说："要不赌大点？我的狗输了给你5万，你输了给我三3万。小伙马上火了，说：我这可是纯种藏獒，别说我没告诉你。赌了！"

可是两条狗交锋没两分钟，藏獒便败下来，再也不敢嚎叫。

年轻人拿出3万块钱，郁闷至极："大爷，你那是什么狗？怎么能这么猛？"

老头边点钱边说："我也不知道现在它是什么狗，我只知道，没掉毛之前，叫狮子。"

其实我们很多人，又何尝不是故事里的藏獒呢？总是百般炫耀，来证明自己有多强，可是，你若是真正的狮子，又何须炫耀呢？

炫耀什么，说明你缺什么，真正有实力的人，往往都很低调。

5

岁月蹉跎，苦倦无果。人活一辈子，其实就是活一种心情。心底有执着，是一种初心；心底有坚持，是一种富足。

不张扬却生活幸福，不炫耀却精神富足。

这样的人，一生就像喝茶一样，水是沸腾的，内心是静的。更像是一面镜子，让你看到自己的不足，同时，也读懂了人生。

愿你我成为这样的人，不声不响地盛开，美丽了自己，芳香了别人。即使背着LV，也不盛气凌人；即使暂时买不起奢侈品，也不悲天悯人。

不动声色地努力，然后，做一个岁月不败的美人。

你能控制情绪，方能控制人生

1

"原本大好的心情，就这么猝不及防地被毁了，这次肯定要让他滚，这日子没法过了！"

几年前，闺密小萝在微信跟我语音说这段话的时候，隔着手机屏幕都能感觉到她要爆炸了，即使这样，我依旧在她怒火冲天的语气里听出了哭腔，那是一种倍感委屈的绝望。

事情是这样的。

那天周末，她约了男朋友去看电影，说好提前来找她，但眼看电影快开始了，对方却一直不见人影，她最讨厌在电影开场以后再进去了，便一直打电话催他。

可她男朋友却一直没反应，发信息不回，电话不接，整个人就像人间蒸发了一样，她很生气，气到整个人都颤抖了。他们已经一个多月没见了，为了今天的约会，她精心打扮了两个多小时，连晚饭都没吃，可结果呢，自己竟然被放鸽子了。

一直到晚上十点，依旧杳无音信，好，这可是你逼我的，这次无论你说什么我都不会原谅了，既然不想过就分手吧。于是她在微信用语音尖牙利齿的把男朋友骂了一顿，骂爽之后把联系方式通通拉黑，彻底分手。

可是后来，因为这个事情，她恨了自己好多年，直到现在。

那天，她男朋友的妈妈出了车祸，被送到医院的时候已经气绝身亡，而男朋友在匆忙赶去医院的途中，弄丢了手机，一直没能跟她取得联系。等他想要联系的时候，已经找不到她了。

不知道那段时间她男朋友是怎么熬过来的，处理完妈妈的后事之后，他来找过她好几次，但她都没有给他机会解释，于是，误会越来越深，直到男朋友娶了别人。

为什么那么多年过去，小萝当年发的那条语音我依旧记得，就是因为这件事情警醒了我，不要在冲动的时候做任何决定，因为你永远不知道，事后你会有多后悔，而且这种后悔，不一定是你能承受得了的。

还有一个原因就是，从那件事情之后，小萝完全像变了一个人，她现在的脾气很温和，遇事沉着冷静，与其说那件事情使她成长了，倒不如说她一直用这种方式，为自己当年的冲动情绪赔罪。

但我们终究回不到过去，无论曾经做过什么冲动的事情，时间都会一如既往地往前走，我们改变不了过去，唯一能改变的就是自己。让自己在以后漫长的时光里，少些冲动，多些理性，毕竟能控制情绪，本身就是一种巨大的成功。

而我们也终究会明白，能控制情绪的人，方能控制人生。

2

我曾经在刷微博的时候看到这样一则新闻。

说的是一对情侣，不知道男生做了什么让女生发火的事情，女生当场把衣服脱了，内衣都不剩。男生瞬间就慌了，一把上去把女生抱在怀里，一边哆嗦着把衣服往她身上套。

不是第一次看到类似的新闻了，但还是在心里默然唏嘘了很久。原来人的情绪一旦失控，真的可以做出让自己后悔一辈子的举动。

我想起前段时间，有个女子在商场直接把自己脱光。当时她好像是跟前夫发生了争吵，男子疑似说："你身上的衣服都是我买的，你有什么资格跟我在这嚷嚷？"

然后女方瞬间勃然大怒，当场把自己脱光，裸着走出商场。

不知道一个女生可以对一段感情，抑或一个人，绝望到什么程度才会暴怒到如此地步，但从这两件事情中可以得知，不能控制自己情绪的人，真的很难过好自己这一生。

我之所以会这么说，主要是因为想起了自己的过往，尽管时隔多年，依旧不能释怀。

2003年的夏天，我9岁，弟弟7岁。我们一群小孩爬到一辆破旧的货车上，叽叽喳喳地笑着闹着。可弟弟拿一个很尖锐的木棍，不小心戳到了我的腿，划伤了，流了血，特别痛。

我气极了，一掌把他从车上推下去，刚好摔在一块大石头上。他哇一声就哭了，鼻子上全是血，趴在那里，动也不动，一直哭。

我意识到自己犯了错，一时慌了神，我爸妈闻声而来，抱起他就往医院跑，我低着头，愣在那里，眼泪大颗大颗地掉。

弟弟缝了几针，后来留了疤，疤不算大，但是却一直印在我的心里，如今14年过去了，我依旧不敢直视他。每次有人问他鼻子怎么了，他都笑着说，是胎记啊，一出生就有的。

可只有我知道，他是在维护我。他不恨我，恨我的是我自己。

那是我第一次知道，原来情绪失控，真的会给自己的一生都留下阴影，而且这种阴影，时间越久就会越重。我们唯一能做的，就只能是勉励如今的自己，控制情绪，再控制情绪。

3

但谈何容易呢？人在冲动的时候，通常不会想到后果，我的闺密瑶瑶就是这样，她比几年前的小萝还要易怒。

她曾经因为跟男朋友吵架，差点连命都没了。

当时她无意间发现男朋友在游戏里跟别的女生结了婚，瞬间发疯。男生努力地控制她的情绪，让她不要多想，就只是为了过任务而已，可她不信，气到爆炸，一把将梳妆台上的化妆品推到地下，然后一拳打在梳妆镜上，"哗啦"一声，镜子碎了，玻璃碎片把她的手臂弄得鲜血直流。

她男朋友吓坏了，第一时间打了120，然后抱着她瑟瑟发抖。她的右手手腕一直流血，当时她以为自己要死了，闭着眼睛，满是绝望。

后来她没死，但是恋情却被自己作死了。因为她出院以后，男朋友选择了分手，理由是，害怕自己有一天，会被她的情绪失控杀死。

易怒的人就像一颗随时会爆炸的炸弹，危险指数节节拔高。这样不好，但是当事人却很难做到止怒，否则又怎么会有那么多悲剧发生呢？

细数这些年，因为情绪而引发悲剧的新闻，不禁让人倒吸一口凉气？

大概去年七月份吧，八达岭野生动物园有位女游客，因跟丈夫起了争执，在虎区下车，被东北虎拖走，受了重伤。而她

的妈妈因为救她，被老虎活活咬死。

视频里没有血腥的那一幕，但女游客的愤怒隔着屏幕都能感受出来。

这个时候，她的丈夫如果下车，孩子就失去了爸妈。如果不下，孩子就没有妈妈。

这是一桩板上钉钉的惨案，直至今日，都让人觉得心寒。

曾经有位年轻的妈妈，也是因为跟丈夫吵架，一怒之下便将怀里的婴儿扔出车窗，婴儿当场身亡。

除此之外，类似的事件数不胜数。网上曾有个令人唏嘘不已的段子，说一对小情侣因为在路边摊与别人发生争吵，男生说算了吧，女生却怒不可遏，骂道："你还是男人吗？"

于是男生上去评理，却被醉酒的女生捅了，临死前他问女生："我现在算男人吗？"

听上去有点滑稽，但滑稽的背后，却格外值得我们思考和探索，试想，当情绪成为杀人的工具，那我们又跟魔鬼有何区别呢？

4

这是一个格外浮躁和易怒的年代，我们能控制住几个亿的案子，却不能做到很好的情绪管理，然后酿成悲剧，抱憾终身。

情绪猛于虎，那个被老虎叼走的女人，其实就是她自己情绪的化身。

一个人永远不知道自己的情绪会有多大的杀伤力，直到悲剧成事实，赤裸裸地摆在眼前。可是有什么用呢？一句对不起，一文不值。

所以，一个不能控制情绪的人，是无法过好自己的一生的。更有甚者，还会在情绪爆发时，将身边的人置于极其危险的境地。这样的人，一定要远离。而如果恰巧你是这样的人，请一定要学会控制和化解，不要被情绪牵着走，以免做出让自己后悔的事情。

都说人生在于修行，每一个细微的情绪，都值得我们去拥抱，去和解，去倾尽全力地管理。因为情绪的组合，就是我们的生活。

而我们也只有学会控制情绪，才能控制自己的人生。

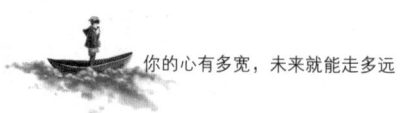

当你放大格局,世界就爱上了你

1

很多年前的一个夏天,我回河南老家办理证件,当时天气格外燥热,穷乡僻壤又很难等到去城里的公交车,我站在路边看着远方,满心绝望。

然后一辆私家车在我旁边缓缓停下,是一位戴着眼镜,看起来文质彬彬的大叔,他热情地问我:"姑娘,是不是要去城里啊?这里一上午只有一辆车,你估计等不到了,如果不介意,我捎你一程吧?跟公交车的价钱一样,8块钱。"

我环顾四周,连个公交车的影子都没有,太阳越发毒辣了,路边的杨树叶子沉沉地低下了头。心一横,算了,上吧。

大叔很健谈,一路上说了很多家乡的变化,看着他一脸的朴实与真诚,我为自己当初的犹豫感到深深的自责。

但事实告诉我,我自责早了。因为一路上,他以各种理由加价,甚至还百般威胁。狐狸尾巴终于露出来了,我知道我上了黑车,活命要紧,就没再白费口舌。

印象最深的是他说,车里开了空调要加 10 块空调费,即使关掉也已经开半路了,至少要加 5 块。

我被弄得哭笑不得,说到底就是要钱就对了。我一个字都没有跟他说,因为真的不值得。

他这种人,想必一辈子都走不出 5 块钱的圈子,因为他的格局就那么大了。民间有句谚语说,再大的烙饼也大不过烙它的锅,就是这个道理。

2

这些年,遇见了很多不同的人,也经历了很多不同的事,对于格局的概念和理解也越发具体和宽泛。

格是人格,而局,就是眼界、气度以及胸怀。所谓"海纳百川,有容乃大",有多大的格局,就能看到多大的世界。

在我大一期间,有一个特别不合群的同学,在姑娘们成群结队地逛街、刷剧、玩游戏、约会的时候,她要么在上班,要么就死宅在图书馆。

那时候很多人都说她眼里只有钱,为了赚钱什么都做得出来,因为她没有一天闲着过,脚上经常被磨出大水泡。

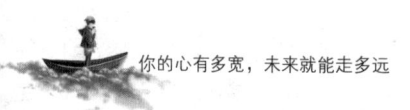

我们读商务英语专业,但没有谁能看美剧不带字幕的,除了她。

因为她每年都会去展会做翻译,不仅赚取了报酬,还拓展了人际关系,她比我们更早看过外面的世界,也多了更多的机会。

所以在大四我们都晕头转向找实习单位的时候,她直接签了一家世界五百强的外企,做起了高级翻译。

想想她因为不合群而被大家挤兑的那些年,想想她曾经熬过的夜晚和脚上愈合又磨破的水泡,再也没有人去多说什么。

你看,平凡如泥的我们,其实是最没有资格去气馁的,因为没有谁的成绩是天上无缘无故掉下的馅饼。甘于平庸,就要甘之如饴自己的一事无成;想脱颖而出,就要不吝啬于自己的每一次行动。

3

她的成功很大一部分原因是由于她的眼界和格局。

她的目光所及之处,远不止兼职所带来的微薄收入,而是为以后积累的经验以及打下的坚实的基础。

她深谙比挣钱更重要的是让自己值钱,钱总会花完的,但自身的价值却是一生的资产。格局决定结局,这话并非没有道理。

但这一点不是所有人都懂,所以人与人之间才会从根本上拉开差距。

我实习期间有位同事，看起来特别努力，来得最早，下班最晚，但她的业绩一直平平，每次升职加薪都轮不到她，时间久了，就开始怨天尤人。

说来也是倒霉，有一次，她在卫生间抱怨老板被抓个正着，说什么目不识丁、对她不公平什么的，第二天她就被人事通知辞退了。

更奇葩的来了，她走之前还顺便打印了几十份自己的简历，有同事问她："你这样被人看到不好吧，打印那么多……"

她说："这有什么啊，出去外面打印得好几块钱呢，公司免费的干吗不用，反正都要走了，不用白不用……"

她巴拉巴拉说个不停，我却再没了听的兴趣，瞬间明白了她业绩平平的原因，原来她的格局，就打印纸张的那几块那么大。这样的人，你又能指望她有多出色的成就呢？

想来也真是可悲，目光短浅和心思狭隘的人，注定走不远。

4

马东曾经说，我们的人生往往因为看见一条船而忽略了一条河。是啊，格局的大小，直接决定了我们看到的风景有多远。

陈赫的前妻徐婧，在得知丈夫婚内出轨时，果断结束了一切关系，留下一句："只是未能教会他承担责任，便从此抽身是非之外，格式清空来一场说走就走的旅行，万水千山走遍，世界如此清澈。"

你看，我们目光所及之处是苟且还是远方，往往都取决于我们身在狭窄小巷，还是辽阔的草原。有多大的胸怀就能看到多大的世界，只有真正上路，才能知道道路有多宽，远方有多远。

思维决定格局，格局决定人的层次。有大格局的人不一定能成就大事业，但有大事业的人一定有大格局。

因为有了大格局，就已经有了一个肆意的人生。

喇嘛哥曾经说："格局是情怀，即使在一滴水中闭关，世界也会清明，在岁月里打坐，时光也会温暖。"

当你用目光丈量世界，才知道出发是唯一的选择。

你不优秀,认识谁都没用

1

我人生第一次真正意义上参加品酒会是在前年的十月份,当时我在一家法国葡萄酒公司做文案策划,因为经理临时有事,我被安排陪着老板一起出席。

那场活动是由政府和某知名企业联合举办的,自然不乏各路大咖和知名人士,我虽刚毕业不久,但也深谙人脉的重要性,热情和主动为我赢取了很多机会,但是,虽然我加了不少人的微信,却很快便没了下文。

我礼貌地打招呼做自我介绍,但只要对方不继续展开话题,我就一定没话说,因为我们,根本就不在一个量级上。

那是我第一次切身感受到人与人的差异,也是第一次意识到"弱者无社交"这个问题。

社交的前提一定是资源对等抑或实力相当,如此才能产生

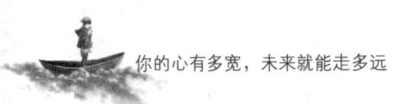
你的心有多宽，未来就能走多远

互利和合作，换句话说，你不优秀，认识多优秀的人都没用。

毕竟你所拥有的只是联系方式，并不是社交圈。

2

朋友曾经跟我讲过这样一个故事。

2001年的时候，他父亲来广州开工厂，生意做得风生水起，每天被各种饭局塞满。后来赶上金融危机，工厂破产了，欠下大笔债务。那些称兄道弟的人，瞬间就不见了。

父亲濒临崩溃，差点跳楼，后来爷爷找了他之前的战友帮忙，介绍了新的业务，父亲开起了物流公司，很快东山再起。

然后，那些所谓的朋友就又回来了，父亲没有再理过他们，却也不恨他们。因为他终于明白，生意场上的所谓朋友，不过是彼此间的相互利用，除了家人，没有人会对你不计回报。

因为这个社会很忙，大家都很忙，没有人愿意做无用的社交。如果你没有价值，没有人会在你身上投资。

并非人性凉薄，而是人本现实。就像登山一样，你只会以上面的人为目标，不断向前推进，也唯有如此，才能变得更强。

而下面的人，除了往上爬，别无他法。直到登顶，鸟瞰大地，才能将一切，尽收眼底。

3

前两天有个作者朋友跟我说,她加到了她偶像的微信,那个她喜欢了很多年的知名作家,但是踌躇良久,却始终没敢说话。

但她并非跟偶像毫无互动,至少在他更新动态时,她第一时间跑去点了赞。除此之外,再无其他。

朋友说,她一定不能只活在羡慕偶像的光芒里,对于那些你喜欢的、崇拜的、羡慕的,最好的养分就是愿景以及行动。

我相信她,并且满怀希望地等待。等待她与偶像肩并肩的那天,等待她发现,原来曾经仰望的一切,都可以通过努力抵达。

你看,这是一个咫尺天涯的年代,各种通信手段让我们离明星、大咖、牛人等越来越近,可以说只要足够用心并且找对方法,可以认识任何人。

但这是整个时代的特质啊,并不是你真正的能力。或许别人加你只是出于礼貌和客套,而你跟他并无真正的交集。

认识牛人不是你的能力,让牛人认识你才是。而在此之前,你必须足够上进,才能配得上自己的野心。

4

俞敏洪曾经讲过一个段子,说,有位初出茅庐的年轻人问他,怎样才能跟他成为朋友。

俞敏洪问年轻人:"那你能为我做些什么呢?"

年轻人说:"我可以帮你拎包啊、开门啊。"俞敏洪笑了笑,没有再说话,显然他并不缺一个帮忙拎包的人。

可是这个年轻人如果换成马云呢?画风肯定变了。所以你看,能否成为朋友除了看是否心诚,还有实力是否相当,或者潜力有多强。

人都是在不断精进自己的过程中,寻求新的突破和可能性,而这之间最短的路程就是结交更强的朋友,跟什么样的人在一起,这很重要。

弱者为什么没有朋友?因为没有人愿意变成弱者。

而真正的弱者,就是不甘于弱却不去改变,甘于弱却又不停止抱怨,这样的人不仅没劲而且没救。而凡是对自身有点要求的,是不愿意和其成为朋友的,因为人都往上走,很明显这样的人不是那个走上坡路的人。

除非从今天开始,注重自我重建,紧紧抓住命运的绳索往上攀爬,直到某一天,梦想生根发芽,迎着太阳,开起大朵的花。否则,即使你加了王思聪为好友,依旧只能在朋友圈点个赞。

因为你不优秀的时候,认识谁都没用,你有的只是他们的联系方式,而不是人脉和资源。

你就毁在凡事只求差不多

1

表姐当初结婚的时候,全程都在哭。

她的妈妈说:"有个差不多嫁了得了,哪那么多要求?再说,你一没学历,二没本事,人家男孩配你绰绰有余了,别挑三拣四的,不知好歹。"

没错,你没看错,这个的确就是亲妈说的,在我们那个重男轻女的穷乡僻壤,女儿嫁出去了,就是外人了。

我那时候小学还没毕业,并不是很懂,可不知为何,竟觉得又害怕,又难过。

婚后的她一点都不幸福,他妈妈口中那个"差不多"的人,其实差了很多。不仅喝酒赌博,还时不时家暴,表姐很多次都想离婚,都被她妈劝回去了。

她妈说:"过日子不都这样吗?谁家不是吵吵闹闹的,有

你的心有多宽，未来就能走多远

个差不多就行了，别没事找事。"

可是差不多真的就行了吗？一次两次差不多，一生也就完了。因为有太多太多的人，一生就毁在"差不多"上。

2

我曾经有位同事，也是特别喜欢差不多。

他是广州本地人，对广州的一切都特别熟悉，所以当北京客户来公司考察的时候，他负责接送和陪同。

广州是一个格外多雨的城市，特别是夏天，当时经理说，一定要把天气情况标注在行程表上。可是他觉得差不多就行了，下不下雨还不一定呢，一来二去的，就给忙忘了。

可天公不作美，谁料那天突降大雨，大家毫无防备，即使手忙脚乱地买了伞，还是淋湿了。湿的不只是衣服，还有心情。

后来一连几天都是阴雨，客户嘴上没说什么，但回去以后，便把合同取消了，因为另一家公司的服务，远比他们周到的多。

没有提前查好天气，虽看上去不算什么大事，但是却反映了整个公司工作的严谨性和对于合作的重视程度。细节决定成败，这话不无道理。

客户被送走以后，那位同事便被辞退了，走的时候还一直在抱怨："多大个事儿啊，有个差不多就得了，第一次遇见这么吹毛求疵的客户，简直就是有病。"

我在心里叹了口气，沮丧地想，他这样一个凡事只求"差不多"的人，也就只配过一个"差不多"就行了的人生。

而一个追求精益求精的企业，永远不会允许"差不多"的出现，因为那是一种无能、一种应付和凑合、一种态度的不端正。

3

纵观我们这一生，其实无论在人生的哪一个阶段，这种"差不多"的思维都曾围绕在我们身边。它给了我们一种暂时性的心安理得，时间久了，便将我们慢慢杀掉。

因为这种"差不多"，其实就是一种温柔的慢性自杀。

小时候贪玩，每次考试总也考不好，每逢期中或者期末，家长总要来问："这次考试考得怎么样？"

我们眼神躲闪，抓耳挠腮，不好意思地说："嗯，考得差不多。"

可是差不多是多少呢？他们并不知道。我们知道，但始终不敢说，因为差不多实际上就是差了很多，我们考砸了，很怕，于是选择了搪塞。

然后，慢慢地，找个差不多的女朋友，毕业以后再做一份差不多的工作，便养成了"差不多"的习惯，读个差不多的大学，结个差不多的婚，生个差不多的孩子。

再然后，这一生，就差不多过完了。没有波澜壮阔，只是风平浪静地走进死亡，明明碌碌无为，还跟自己说平凡可贵。

可是问题出在哪呢？是我们不配拥有趋于完美的人生吗？

其实不是的，只是我们习惯了将就，才会变得没有追求。我们因为害怕失败和伤害，就一味地选择妥协，问题的根源，出在我们凡事只求差不多，却错过了无数次变得更好的可能性。

杀死我们的不是"差不多"，而是心底的懦弱。

4

胡适先生曾经写过一篇《差不多先生传》，字字珠玑，句句打脸。

他说中国最有名的人就是"差不多先生"，他和我们长得差不多，他最常说的一句话就是："凡事只要差不多就好了，何必太精明呢？"

于是，妈妈让他去买红糖，他买了白糖，他说不都差不多吗？他上了学堂，先生问它，直隶省的西边是哪一省？他说陕西。有什么关系，陕西和山西不是差不多吗？错过了火车，他说，那就明天走吧，今天和明天不是差不多吗？

后来，"差不多先生"得了疾病，家里人去请东街的汪医生，可是没找到，便找来了西街的王大夫。他知道寻错了人，可病得很严重,于是想道:汪医生和王医生也差不多,算了,让他试试吧。

于是,王大夫用医牛的法子给差不多先生治病,不到一点钟,差不多先生就死了。死的时候他说:"活人跟死人也差不多,何必太认真呢?"

他死后,大家都很称赞他,凡事都看得破,想得通,一生不肯认真,不肯算账,是一位有德行的人。他的名誉越传越远,越久越大,无数的人都学他的榜样。

于是人人都成了一个差不多先生,然后,中国从此就成懒人国。

5

自古成功只有一个理由,而失败却可以有一千种,也正是因为理由足够多,所以才永远不会获得成功。

如果小事但求差不多,等大事到来,"差不多"就成了惯性,他固定了你的思维,也限制了你追求更好的可能性,久而久之,你就变成了一个"差不多先生",过着一个"差不多就行了"的人生。

然而这样的人生一定是可悲的吗?

不一定,如果这是你真正想要的生活,怎样平凡都不过分。

但如果不是,如果"差不多"只是你退而求其次的凑合,那么一定是可悲的。

因为你既不能创造更好的生活,又不能心安理得地苦守"差不多",这样的人生,才是根本不值得过的。

那么就勇敢地突破牢笼,远离"差不多"吧,因为"差不多先生"真的一点都不酷。

愿你我共勉。

你走得太快了,灵魂都落在了地上

1

我永远都忘不了去年除夕的那个晚上。

死活等不到回家的最后一班公交车,我一边哆嗦一边来回跺脚。寒风吹来,双手插进大衣的口袋,内心焦灼就像藏了一把火。

彼时的家家户户,应该正欢聚一堂吃团圆饭吧,我甚至能感觉到那一抹热气直奔心底;而我因为值班只得与空旷为伴,即使街道两旁路灯闪烁,我的内心依旧冰冷而柔弱。

那是我平生第一次怀疑努力工作的意义,那一刻的孤独和无助顷刻间就吞噬了我所有伪装的坚强。我悲怆地想,玩命工作,真的是年轻时最好的生活吗?

与其说生活,倒不如承认是在苟且生存。平凡如泥,只能在大城市命如蝼蚁,努力地适应这座城市的节奏,渐渐地,就

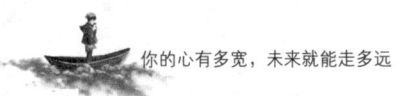

与自己的初心越来越远。

那一晚,我终究没有等到最后一班车,一个人走了很久很久。

也正是因为那次行走,我从头到尾刷新了我的内心,我决定慢下来,决定一步一步地踏在地上。走路,能让内心踏实。

我们生在一个步履匆匆的时代,曾多少次因为走得太快,而让余生布满凄哀。

曾经有位读者留言说,自己因为工作太忙,而错过了与父亲的最后一次见面,当时父亲躺在医院里,而他在外地出差。

从那以后,他曾无数次从梦中惊醒,梦到父亲呼喊他的名字,直到声音消失他都不曾回应一声。

他说他一辈子都不会原谅自己,如果时间可以重来,他宁愿不要工作,也要陪在父亲身边,但时间又怎么听得到呢?

这样的事情其实就发生在我们身边,因为工作忙碌,我们无暇照顾孩子,无暇陪伴父母;因为忙碌,我们很久没有抬头看过星星,很久没有目睹过一朵花开;因为忙碌,我们将自己囚禁在牢笼中,错过无数曼妙的风景。

你看,快餐时代的匆忙,显然已容不下我们缓慢而冗长的各种期许和渴望。我们走得那么快,连灵魂什么时候落在了路上,都不知道。即便如此,我们仍旧没有想过停下来,时间一路推推搡搡拥着我们不断向前。当我们终于学会生存,我们也早已忘了如何生活。

3

而我见过最懂得生活的人，不是伟人或者名人，恰恰是我身边最平凡的人，她是我的外婆。

外婆没有受过什么教育，是很传统的农村婆婆，但是她却深谙人生的各种大道理，将生活过得格外有诗意。无论是之前上学还是现在工作，有什么困惑我都会第一时间去跟她分享，且不说她对我的种种教诲，就只是她超然物外的淡然态度，就足够使我受益了。

记得最清的是，她总是跟我说，饭要一口一口吃，事情也要一步一步慢慢做，年轻人最容易着急，浮躁，静不下心，但等到以后老了你就会发现，其实这世上最幸福的事，莫过于慢下来，跟自己好好地说说话。人如果走得太快了，就会忘记当初为什么出发，这样的话，人就失魂了。

是啊，年轻人的确容易着急，总是希望自己成长快一点，收获多一点，少走些弯路，少受些挫折。但其实，哪有那么好的事呢？一分耕耘就会有一分收获，有些事情终究是急不来的。

而我也是在很多年以后，参加工作了，才懂得人生之大幸，莫过于在车水马龙的嘈杂中，培养一种"慢生活"的生存能力。

所谓"慢"指的是一种恬淡的生活态度，得不到的人不强求，做不到的事不偏执，已然发生的学着释怀，尚未发生的不过分忧虑。顺其自然地向上生长，在细水长流的生活里，感悟生活的本真和原有的乐趣。

但这种态度并不是一味地向生活妥协，而是一种和解。跟生活和解，以求生活质量最大化；跟自己和解，以求内心的自我不再一味嘈杂。

法国诗人吕凯特曾说："生命不可能有两次，但许多人连一次也不善于度过。"

这其中就包括你我。我始终觉得，只是一味忙于成功的人生，多少都有点失败，生命应该是一个天秤，有轻松有紧张，有繁忙也有悠闲，只有两者不失衡，我们才能更好地把握人生的方向盘，从而更好地前行。

4

我曾经看过这样一则小故事。

讲的是一位神，要教训一个浮躁的凡人，便让那个人牵着一只蜗牛去散步。可蜗牛走得太慢了，即使那个人急得跟热锅上的蚂蚁一样，蜗牛依旧缓缓前行。

那个人没办法，只好跟在蜗牛的后面，慢悠悠地走。当他顺着蜗牛触角所指的方向望过去，竟然看到一片绝美的风景。

原来，这个世界并非不美，只是我们走得太快了，尚未来得及细心欣赏而已。如果我们不是一味地匆匆赶路，试着将脚步慢下来，再慢一点，那路边的风景是不是就变得不再一样了呢？

话虽这样说，但浮躁早已成了现代人的通病，我们不能停也不敢停，面对生活的种种压力，早已无暇去看风景。记得白岩松曾经在《幸福在哪里》中说："每一代人的青春都不容易，但现今时代的青春却拥有肉眼可见的艰难。时代让正青春的人们必须成功，而成功等同于房子、车子与职场上的游刃有余。可这样的成功说起来容易，实现起来难，像新的三座大山，压得青春年华喘不过气来，在这样的氛围中，中国人似乎已失去了耐性，别说让生活慢下来，能完整看完一本书的人还剩多少？"

"过去人们有空写信、写日记，后来变成短信、博客，到现在已是微博，140个字内要完成表达，沟通与交流都变得一短再短。甚至140个字都嫌长，很多人只看标题，就有了'标题党'。"

那么，下一步呢？

没人知道。我只知道在墨西哥，有一则离我们很远却又很近的寓言。

一群人急匆匆地赶路，突然，一个人停了下来。旁边的人很奇怪：为什么不走了？停下的人一笑：走得太快，灵魂落在了后面，我要等等它。

是啊，我们都走得太快了。然而，谁又打算停下来等一等呢？如果走得太远，会不会忘了当初为什么出发？

所以，初心也便成了这个世界上，最难能可贵的东西。

你发现了吗？古人把很多对我们的提醒都变成了文字，放在那儿等着我们。拆开"忙"这个字，无非是心死了，即便如此，眼下的我们依旧很忙，为利、为名、为无休无止的追求和欲望。所以，我已经不敢说自己太"忙"了，因为，心一旦死了，一切的奔波都毫无意义。

那么如果工作影响了你的生活，请务必慢下来调整自己的步子，哪怕此刻已然踏上征途，也要将初心好好地珍藏在心灵深处。

而初心无非就是：为了好好生活。

可我们如果因为追求所谓的成功，将初心忘记了，那我们活着的意义又在哪里呢？所以，请务必心怀清欢，以清净心看世界，以欢喜心过生活，以平常心生情味，以柔软心除挂碍。然后静静地，等到时机到来，用一种温暖睿智的气质，对自己进行一种期望，并且抚慰自己看似坚硬的心。

没有无聊的人生，只有无聊的人

1

上周末我去闺密家小住，被她们家那位 5 岁多的儿子吵得头都要炸了。

真是天不怕地不怕的年纪，一天到晚爬高上低，一分钟都闲不下来，真不知道现在的小孩子，为什么精力那么饱满，好像完全都不觉得累一样。我跟闺密两个人盘腿坐在沙发上，目瞪口呆地看着他在院子里不停地跑来跑去，止不住地感慨起来。

等他跑到我们身边，我拉着他的手臂问他："你告诉阿姨，你为什么都不会觉得累？你一点都不想安静下来休息一会儿吗？"

他一边喘气一边欢快地说："因为我停下来就会觉得很无聊，我不想跟你们一样傻傻地坐在这里，一点都不好玩。"

说完便一边挣开我，去追赶他的泰迪狗了。

是啊,一个 5 岁的小孩子尚且懂得,只要闲下来人就会变得无聊起来,我们这些大人怎么会不懂呢?是不懂还是装作不懂?明明就是因为我们懒散,生活才会变得无聊起来,而我们还要不停地去抱怨。

于是,我跟闺密说:"你说,做一个小孩子多好,永远都对生活保持满满的热情,一点都不会觉得累,而我们大人就不一样了,我们特容易变懒,容易对生活感到厌倦,然后陷入无聊的漩涡中。"

她点点头,说:"是啊,我们曾经也这么热情,曾经也对生活保持着高度的好奇心,后来,经历多了,看透了,激情也就慢慢退却了,但其实这样并不好,还是要让自己忙起来,生活中大半的无聊其实都是自己作出来的,如果让自己有事可做,哪有时间去无聊?"

是啊,其实说到底,这世上根本就没有无聊的人生,有的只是对生活感到无聊的人罢了。如果我们一直保持对生活的热爱,根本就不会舍得让大好的时光变成无聊的煎熬。

又想起罗曼·罗兰的那句:世界上只存在着一种英雄主义,那就是在认清生活的真相之后,依旧热爱生活。试想,如果我们一直保持激情,无聊又怎会有机会侵蚀我们的生活?

2

有时候你真的不能不承认,同样的都是一天 24 个小时,有的人却可以将烦琐的柴米油盐,过得犹如世外桃源般宁静致远;而有的人,即使是风花雪月般的浪漫,也可以糊弄着寅吃卯粮,星落云散。

而这其中的差别,就是心态。

写到这儿,我忽然想起了我表弟,他从小就是一个特别积极乐观的孩子,即使还有两个月就要面临高考,依旧看不出他有一丝一毫的紧张,相反,他的淡定让人特别有信念感,感觉他的发挥一定不会差。

当时我还特意问过他:"为什么高考这么大件事,你却看起来毫不在意,你真的一点都不紧张吗?"

他特云淡风轻地说了句:"不紧张啊,为什么要紧张,紧张还不是一样要去考?什么都改变不了,那何不摆正心态?我倒觉得与其想那么多,都不如多做几道题,心里还更踏实些。"

听他说完,我感觉自己在他面前瞬间黯淡了,原本想去鼓励他,却反倒被他鼓励了。他这个人,向来都不会有多余的情绪,一直都活得特别忙碌、特别充实,甚至当所有人都觉得做习题很无聊的时候,他都觉得大脑飞速思考特别有趣。

人们常说,世界上根本就没有感同身受这回事,但万事不

绝对,至少在高考这件事上,我是持否定态度的。

多少个深夜里,台灯倔强地亮着,照着灯下那双倔强的眼,任你月黑风高,我眨都不眨。无聊吗?挺无聊的。累吗?当然累。

但是你不得不承认,正是这种无聊,这种累,一次次地磨砺着我们,冶炼着我们,升华着我们,那些汗水和泪水交织的夜晚,就是我们的整个青春。

现如今,越来越多的人都在说,九年义务教育给孩子们造成了很大的心理压力,他们的世界里只有习题,没有童趣。但是看到表弟的状态,我却倍感欣慰,我钦佩他积极的处世态度,可以将无聊的日子过得那么诗意,在高三那么紧张的氛围下,他还能去玩社团,而且成绩只升不降。

相比之下,我们这些大他很多的人,反倒逊色了不少。

3

生于90年代的我们,基本没有历经过什么大的灾难、战争抑或社会变革等,温饱不愁,但却总是不满足于现状,不停地向生活提出索取,最典型的就是,动不动就将"无聊"挂在嘴边基本成了年轻人的一种习惯。

这一点在上班族身上体现得尤为明显,我室友就是如此。

她是在一家做国内贸易的公司做销售,可能是因为薪水不是按照提成来算的吧,所以看上去她总是少了那么一点热情和拼劲,每天的工作几乎都是一样的,在网站更新产品、维护产品,等客户下班然后备货发货,最后做售后回访等,一天又一天,当明天变成今天,无聊就又加深了一点。

时间久了,她甚至感觉自己就像一具行尸走肉,自己的日子完全被无聊吞噬掉了,完全没有任何激情,每天都是固定的24个小时,固定的生活节奏,上班、下班、吃饭、睡觉,每天都很无聊,甚至来不及停下思考,这样无聊地活着,意义在哪儿呢?

久而久之,她甚至陷入一种怪圈,也许生活的本质本身就是无聊。

罗素说:"不能忍受无聊的一代人,将是平庸的一代人。不能忍耐无聊,生活就会变成持续的对无聊的逃离,久而久之,生活的本质就变了。"

但实际上,无聊并不可怕,可怕的是日复一日的忍受无聊却又不去改变。如果我们能换个角度看待无聊,或许结果就会变得不一样。

要知道,无聊始终是生活中必不可少的一个部分,无聊原本可以不存在的,是我们对生活的懈怠和敷衍造就了它,所以我们要做的应该是与它握手言和,而不是一味地对抗它、否定它。

我们应该试着在泥泞的无聊中开出最有质感的花,用诗意的心去代替聒噪和嘈杂。即使日子不总是我们喜欢的日子,但我们却可以随时做一个自己喜欢的人。我们的世界拥有怎样的风景,不过是取决于我们用怎样的视角去看罢了。

我曾经的一位老板就是这样。

他是我当时公司的董事长,当时已经六十几岁了,头发花白但却看起来依旧年轻,因为他从未失去对生活保持热爱的激情。他每一天都在接受新鲜的事物,每一天都在学习和成长,然后在这些成长里,遇见一个又一个多样化的自己。

记得最清楚的一次,是他耐心地跟办公室的同事学习PS,只是为了让他去攀岩的照片看起来更精神一点,当时他还跟我们说,大家去我朋友圈点赞。

这样的一个人,对生活又怎会厌倦呢?他的世界里,从来都没有"无聊"这两个字,取而代之的是生动、有趣以及鲜活。

相比之下,我们这些二十几岁的年轻人,就显得逊色很多了。

我们无聊,很大一部分原因是我们让自己闲下来了,这种"闲"其实就是懒散,就是在不断地浪费时间,是对自己的一种不负责。因为我们原本可以让自己有事可做,原本可以让这些碎片的时间发挥出最大的价值,或是去健身、看书,或学一项技能、听一场讲座,等等,一旦真的走在不断学习、成长和充实自己的道路上，我们的血液每一天都会是鲜活的，这样的我们，又怎会觉得无聊呢？

　　所以，看到了吗？无聊可以无处不在，只要你一直懒散，但与此同时，无聊也可以凭空消失，只要你保持对生活的热爱并且为之坚持。

你的心有多宽,未来就能走多远

宁鸣而死,不默而生

1

真的是要被气炸了!

我同学跟她领导去香港出差,竟然遇到了性骚扰,先是不同程度的性暗示,然后直接大庭广众之下动起手来。她被吓得瑟瑟发抖,急忙躲进卫生间打电话问我:"该怎么办?"

我被气得语无伦次,什么该怎么办,不怎么办,直接报警啊!

但是她说:"不行,这样自己会被炒掉的,而且老板说,这次表现好,回去就升到主管的位置,加薪什么的都好商量。你知道的,我弟弟生病,我家里很需要这笔钱。"

什么?表现好?什么叫表现好?就是老老实实遂了他的愿?

很明显,这个老狐狸步步为营,吃定她了,如果就这样顺从了,那以后的日子又能好过到哪去?一旦这一步妥协了,下一步他就会有无数个理由挟制她,到时候,想脱身真的比登天还难。

我被气得不行,看着她唯唯诺诺要哭的样子,我忽然想起高中那会儿那个刺猬一样的她,那时她脾气很大,没人敢欺负她。可是现在她长大了,脾气也就没了。

我忽然很感慨,成长就是一个跟世界不断妥协的过程吗?如果是,我们是不是要磨掉棱角,变得圆滑?

可圆滑了,怎么站立呢?

2

记得《欢乐颂》热播的时候,关雎尔被同事坑,气得我们牙痒,恨不得上去掐死米雪儿。可更让人牙痒的是,现实生活中,这样的情况随时都在发生。

一位读者跟我说,她当时恨不得提刀杀了她室友。临近毕业,大家都急着找工作,有天晚上她去洗澡,室友帮她接了电话。

电话是应聘的公司打来的,室友不仅骗她说是推销的,删掉了记录,还顺道说了她一通坏话,后来自己去应聘了!结果,被成功地录取了!

很贱是不是?很生气是不是?很想杀人是不是?

她打电话过去解释,那边人不仅不听还急了:"你是见不得你朋友好是吗?看来她说的都是对的,你果然人品很

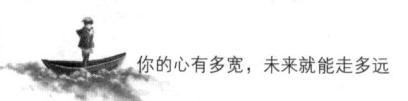你的心有多宽,未来就能走多远

不行……"

我人品不行?她到底跟他们说了多少坏话?

她瞬间怒火中烧,强忍住眼泪去找室友对质,可室友却嚣张地说:"大势之争,各凭本事,自己不行就别怪别人。"

好,很好。

这时候鸡汤告诉我们:生活如雨,要学会撑伞原谅,要坚强,大气,懂得控制情绪。可是这种情况还有什么好控制的?她气得咬着牙,使出浑身的力气上去扇了她室友一耳光,直接把她扇倒在地下,然后头也不回地走开了。

据说,一连好几天,她室友的脸都肿着,见到我那位读者都躲着走。谅她也不敢张扬出去,这事本来就是她理亏在先。

所以你看到了吗?贱人之所以越来越贱,坏人之所以越来越多,就是因为好人不仅性格温和,而且很擅长控制情绪,最终都选择了沉默。于是,贱人猖獗,风生水起且长命百岁;于是,好人沉寂,得过且过最终抑郁而终。

这样的结果,真的是我们想看到的吗?

3

曾经有一段亲身经历,就像做了一场梦一样,我在恍惚中,捡回了一条命。

第二章
你就毁在凡事只求差不多

当时我还在一家国际旅游公司做编辑,总是加班到很晚,可回家的那条路,偏偏路灯坏了一直没修,公交站牌乌漆墨黑地立在那儿,像一个无头鬼一样,着实令人害怕。

所谓月黑风高夜,杀人纵火时。黑灯瞎火的天然地理环境最易滋生坏人蠢蠢欲动的作恶细胞,话虽这么说,但我还真没遇到过,直到那天下班。

假如你看到一个佝偻着腰的大叔,拿着打火机照明,吃力地看着公交站牌的时候,你会不会想都不想拿出手机的手电筒帮他照明?

如果是我,我肯定会的,但我当时手机关机了。

不过当时我身边的一位同样在等公交车的姑娘这么做了,可没想到,她刚打开手机旁边就飞出一辆摩托车,说时迟那时快,摩托车上的人几乎是以风一样的速度从她身边闪过,抢走了手机,并且撞倒了站在一旁的我。

好在路上车辆不多,否则我会不会被车华丽丽地碾过?我当时没敢往下想,确认自己没什么大碍的时候,很快爬了起来,大声地跟身边的人说:"我手机没电关机了,你们快帮忙报警啊!"

听到我说这句话,惊魂未定的姑娘愣了一下,然后哭出了声,她近乎绝望地看着呼啸而过的摩托车的方向,而那位受她帮助的大叔,也早已不见了踪影。

天色好像瞬间暗了很多,有风呼呼地吹过,但此时凉的并不是人,而是人心。

我故作镇定地回到家里,其实内心早已沸腾。好人不仅没有好报反倒害了自己,这种事虽说屡见不鲜,但仍然不能习以为常。

因为好人沉默,就是对坏人纵容,坏人之所以肆无忌惮不过是好人惯的,我们越是沉默,他们越是猖獗。被偷手机这事,简直遍地开花,在好人普遍沉默的年代,如果有人站出来反抗,那才是不正常。

可这样的我们,跟帮凶有何区别?

4

我曾遇到过这么一个姑娘,就是不沉默不妥协的代表。

同样是公交车,同样是拥挤的车间里包裹着一张张麻不木仁的脸,当时我在最后一排坐着,疲倦地看着窗外。临近下车时,听到一个姑娘掷地有声地说:"你,就说你呢,你看谁啊,就是你!你把手机拿出来!还给他!这一车那么多人看着,摄像头开着,你就这么明目张胆地偷?谁给你的勇气!"

做贼心虚这词一点都不假,那个男生不过十六七岁的样子,被女生一吼瞬间变得局促起来。刚好公交车进站,他匆匆扔下手机,一溜烟跑了……

第二章
你就毁在凡事只求差不多

当男生走远,车间里才沸腾起来:

"大白天他还这么明目张胆?"

"如果他不拿出来我差点就报警了。"

"年纪轻轻的,怎么竟做些缺德事,现在的孩子啊,唉……"

我走下车,不知道该说些什么。相对于人们"事后诸葛亮"的随声附和,我更愿意宣扬女生的果敢发声。

即使世间布满灰尘,我依然愿意选择相信,总有一些不显眼的角落里有微弱的、星星点点的光芒,轻轻将人心照亮。而这些光芒,就是我们这些小人物在日常的生活中所做的一些小事情。

只是很惭愧,我曾经并不会发光,以前我是一个任人宰割不懂得反抗的人,但正因这样,我才做了很多至今都不能原谅自己的事情。

大一那年圣诞,我约了朋友出去逛街。

每逢节假日,广州的地铁总是格外拥挤,来了一班车,人群一哄而上,密密麻麻地挤作一团。车门经常因为人卡在缝隙里而无法关上。

然后,重点来了。

地铁的门如果合不上的话,会再次打开重新关一次。是的,就在打开的间隙里,我被后面的一个大妈一把推了上去,贴着里面被挤成饼的人群,根本来不及出去,于是我整只手臂被卡住了……

你的心有多宽,未来就能走多远

"你这是挤地铁还是谋杀?你不知道你这样推,她会被夹死的吗?你还是人吗你……"

吼出这句话的是我同行的那位朋友,她跟那位推我的大妈吵起来的时候,我已经把手臂抽了出来,痛得咬着嘴唇,半天没有缓过来。

车门关闭以后,我没再听清她跟那位大妈说了些什么,大妈有没有跟她吵起来、旁边的人有没有帮腔,这些都无从得知,只是当时她满脸愤怒的画面,一直在我脑海里,直到现在都不曾散去。

她为了我,或者说为了"正义"的那一方,几乎是出于本能地站出来反抗。在我原本的世界观里,一直都坚持"君子和而不同,小人同而不和"的理念,我觉得人与人是不一样的,通俗一点来讲,如果小人咬了你,你一定不要咬回去,因为你跟他不一样,他不配,你可以用更高级的方法以牙还牙。

但是从我那次差点被夹死,而我朋友为了保护我不惜跟人大打出手的时候,我就不这样认为了。

说到底不过是自己怂罢了,要知道,一味毫无底线的忍让就是对他人行凶的纵容,当今社会坏人猖獗,还不是因为好人不敢出声?

5

之前有个新闻,不知道大家还有没有印象:

一个 50 多岁的大妈摔倒了,反过来诬陷前来扶她的 12 岁小姑娘,当时一位七旬老人站出来,大声说:"你为什么要这么做,你自己跌倒,跟她有什么关系?"然后转身告诉小姑娘说:"你先回家去,不用担心,万事有我在。"

当时看到这则新闻,我瞬间觉得有股暖流遍全身,这些年来,关于老人跌倒的话题,引起社会广泛的关注和热议,人们莫衷一是,虽有时觉得委屈,但心里普遍主张正义。这不仅仅是人心所向的问题,更是一个社会向前发展的前提和根基。

我一直都觉得,社会就像是一个巨大的染缸,在时间的浸染下,我们会被染成各种各样,甚至被染得连自己都认不出来。但无论怎样,我们还是能有所依仗地自由且健康地生长。

这种依仗,就是社会风气,就是社会环境,就是我们赖以生存和发展的根基。这个根基,需要我们每一个人来共同维护。

如果手机被偷,你不发声,那明天就有可能有人拿刀指着你,让你交出生命;

如果遇到抢劫,你不发声,那明天就有可能发生令你抱憾终身的悲剧;

如果环境污染你不发声,那破坏的就是我们子孙后代共同

你的心有多宽,未来就能走多远

生存的环境,毫不夸张地说,不定哪天我们之中的谁,便会因环境污染而死于非命;

如果……

还有很多很多的如果,已经发生的,尚未发生的,以及正在发生的。

后知后觉的我们能不能不要等到悲剧发生,才意识到事情的严重性?所谓善念之花结出善举之果,如果不去努力不仅不会结果,甚至连花都不能开了,甚至活活枯死也不足为奇。

你想过吗?如果真到那个时候,我们的社会会变成什么样子?

大夏天的大太阳火辣辣地晒着,你火急火燎地等公交车,好不容易来了一辆,后面的人一把把你推开,她上去了,你就上不去了。

你通宵达旦地做设计,内分泌都紊乱了,可是同事一个复制粘贴你的设计就完工了,你想哭都没地方,她升职加薪,你继续扑街。

好不容易要跟长跑多年的男朋友步入婚姻的殿堂了,可闺密突然拉着你男人的手,我见犹怜地对你说:"对不起,我们是真爱,求成全。"

考试试卷被同学抄,工作成绩被同事盗,被人误会到哭,

第二章
你就毁在凡事只求差不多

人格被人羞辱,老公被人抢走,被变态老板骚扰,钱包被人抢,绿帽被人戴……

各种让人忍不住爆发的时刻,都被我们的所谓好修养生生地吞了下去,完了还要告诉自己,人贱自有天收,我是仙女,我不生气!

可是我们都忘了,真正牛的人从来都不是毫无底线、毫无原则、毫无棱角地任人宰割,而应该是敢于伸张正义、不受不该受的委屈。

其实无论我们生活在哪里,都会遇到各种不如意,邻居不会按你期望保持安静,熊孩子不会按你期望守规矩,世界也不会按照我们的想法来运转。

但是我们活着,可以不有模有样,但一定要有棱有角。首先应该是自己,一个没有原则和底线,死活都拎不清的人,是没有办法爱别人并且立足的。

因为你一旦活成了一个圆,就一定站不稳。

6

跟大多数人一样,我在有限的人生历程中,也听过无数句发人深省的鸡汤,他们感化我,以致我变得越来越温和。

我总是一遍又一遍地跟自己说:

"算了，不生气，别跟他一般见识，别冲动，冲动是魔鬼！你跟他不一样，他没素质他是浑蛋，但你是仙女！这样不值得，真的，成大事者怎能被情绪左右？开玩笑，就他这样的垃圾，他也配让你生气？"

于是，无论遇到怎样的浑蛋，无论受了多大的委屈，我都睁一只眼闭一只眼地放过去，我装出很有涵养的样子，对他微笑，他打了我一巴掌，我右脸立马伸过去，并且温柔地说："哥，你继续！"

心中明明很想骂人，脸上却要装出云淡风轻。

这种感觉就像是一个劫匪劫了一群人，让他们排队交钱，第一个100，第二个200，以此类推。于是大家纷纷排队，第一个人得意地说："看，哥们比你们交得都少。"

最后大家争先恐后地交钱，因为顺序而互相死磕，连反抗都忘了。

鸡汤告诉我们有素质的人不骂人，但如果只是打着"人"的旗号，做一些非人的勾当，那么对不起，我就是要骂你。

因为我宁鸣而死，也不愿意沉默而生。

第三章

你走过的泥泞，是别人没有的风景

你迟早会被没素质毁掉的

1

因为看午夜场，电影院人并不多，除了一对小情侣在最后排的角落里，其他十多个大都集中在最中间，其中就包括我。

我后面五个人应该是一起的，从进场开始就一直在叽叽喳喳地大声说笑，我低头玩手机等电影开始，并不想过多地去在意。

可电影刚开始不久，我便被一阵恶心的味道熏到了，简直不能呼吸。

下意识地扭头，看到后排刚刚安静下来的那个男生，竟然把鞋脱了，将穿着黑袜子的脚直接搭在了前排，刚好在我隔壁的隔壁。

好了，这群人什么素质，已经一目了然。无论我说什么都没用了，经历告诉我，永远不要试图跟没素质的人讲素质，因为在他的世界里，没有这两个字。

我什么都没说，拎着包挪到了一边，不一会儿，我旁边的那位戴着眼镜的男士，也挪了过来。我们自始至终都没有说话，但彼此心照不宣：这样的人，迟早会被自己的没素质毁掉的。

因为你什么素质，就有什么认知，而认知决定了你所处的层次。一个没有素质的人，即使身家百万，也不过是一个低层次的"下等人"。

2

这样的事情我不是第一次遇到，但却是我第一次如此冷静地看待。

几年前，一位很久没联系的初中同学到我所在的城市出差，约我出去吃饭。当年关系挺好的，又是周末，我便没有拒绝。

可是刚见面没多久我就后悔了，并不是因为他开着豪车，变成了一个彻底的有钱人，而是他以有钱人的身份在路边随手丢垃圾，并且辱骂了环卫人员，说："没关系，反正她就是垃圾。"

我很生气，便跟他吵了起来。

他也怒了，大声跟我说："你装什么圣母婊啊？不就骂了几句捡垃圾的吗，他们这种人就只配捡垃圾，我骂她是看得起她。"

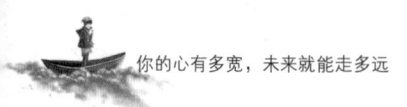

我再也不想多看他一眼，摇摇头，便转身离开。我忽然感觉眼前这个开着豪车、西装革履的男人，特别可怜。

有钱就是高贵吗？不，真正的高贵应该是教养。一个不懂得尊重别人的有钱人，穷得也就只剩下钱了，这样的人才是真正的低层次。

工作不分贵贱，但人一定分的，两者间的差别，就在于素质。为什么有的人一贫如洗却活得特别高贵，而有的人身价不菲却依然一文不值？这大概就是答案了。

3

几个月前，我跟经理一起出差，一连考察了好多家工厂，始终没有确定跟哪家签订合作协议，直到最后一天。

当时，我们约了几位供应商一起吃饭，觥筹交错间相谈甚欢，可忽然被一阵玻璃杯碎掉的声音打断，原来，一位服务生不小心摔倒了，打翻了手里的托盘。

小姑娘一脸紧张，连声道歉。几位供应商都在各种指责呵斥，有一个甚至直接说："你怎么搞的，就是这样服务客人的吗？把你们经理找来，这事绝对没完。"

眼看她都要哭了，那群人依旧不依不饶。全程只有一位供应商，问她有没有受伤，把她扶起来，蹲下去将托盘捡起，笑着对众人说:"好了,没关系,算了算了,她已经摔倒了,这已经是惩罚了。"

说完跟那位服务生说:"你先去忙吧,没事啊,下次小心一点。"

就是蹲下去的那一个瞬间,我们经理决定,就是他了。

其实真正能看出一个人素质的,往往都在细节里。而从素质见层次和格局,一个能放低自己的姿态,心里随时装着别人的人,一定差不到哪里去。

毕竟品质才是一个人真正的守护神,品质高尚的人,灵魂必然高贵。

4

三毛的书里曾经有这样一个细节,我一直记到现在。

荷西去世以后,三毛决定从沙漠搬回台湾,临走之前,忍痛卖掉自己和荷西生活了6年的房子,为了给新主人一种温暖的家的感觉,她连续打扫了好多天。

三毛是一个感性的人,家里的角角落落都是与荷西有关的回忆,这些回忆牵动着她的每一寸神经,可她依旧决定,不放过任何一粒灰尘。

她甚至将自己吊起来,冒着危险擦外面的玻璃,路过的邻

居问她:"房子不是卖掉了吗?为什么还要打扫?"

她笑嘻嘻地说:"我高兴啊。"

最后一天,她摆好新的拖鞋,以便新主人进来穿,摆一束冒着香气的花,洒上水放在桌子上,留了一张卡片,上面写着:

"欢迎亲爱的,住进这一个温暖的家。祝你们好风好水,健康幸福。Echo 留。"

这个细节给了我莫大的触动,忍不住流下泪来。那么多人喜欢三毛,不只是因为她的文字有灵魂、有生命,更是因为她植根于内心的修养,和时刻为他人着想的善良。

这样的人,值得我们所有人去爱,因为她一直用自己的行动爱着别人。

5

我曾经在《心中若有书店,桃源自在心间》里写过:人生在世,无非读书、见人、历事、行路。

而读的书和历的事越多,就越会觉得世上值得责备的人越少。因为人和人之间的不同,往往关乎层次、格局、修养以及素质,这些远不是吵一架便可以解决的。

我们见过一贫如洗的乞丐,爬着去给灾区的人捐款;也见过身家百万的富人,对弱势群体不屑一顾,甚至百般凌辱。

见过无理取闹的大妈,强行插队还要反骂年轻人不懂事;也见过即使自己身患残疾,却依旧让座给孕妇的暖心善行。

人跟人不同,但人活一辈子,到最后拼的都是修行。

不跟素质低下的人一般见识,不是因为畏惧权贵,而是不在一个层次,无法进行沟通,但彼此都心知肚明,没素质的人,迟早会被自己亲手毁掉。

因为他的一言一行、一举一动,都写在自己的人生里。我们或许会忘记,但时间不会,它的惩罚,无声无息。

毕竟你的素质,决定你的一辈子。

谢谢你用妒忌，来承认我的出色

1

我小时候喜欢画画，但是格外笨拙。有人说，看你呆头呆脑的，又没什么天赋，还是别学了，浪费钱也浪费时间。

上了初中，喜欢上播音主持。有人说，长得又不好看，身材还胖嘟嘟的，肯定没戏啊，何必给自己添堵？

高中以后，我一心想去大城市，想看看外面的世界。有人说，你人不聪明，胆子又小，更没见过什么世面，怎么那么想不开呢？

大学了，空闲时间相对多了，我就想做一些兼职让经济自由一点。有人说，现在社会那么乱，你就不怕被人骗？别傻了，好好在学校待着吧。

终于，大学毕业了，进入实习期，我开始四处找工作。这个时候又有人说，别总是那么拼，女孩子嘛，迟早都要嫁人的，找个好男人比什么都重要。

所以啊,你看到了吗?在一千个人眼里,你会有一千种失败和不堪的样子。他们用自己的短见和拙见,来自以为是地评判你的生活,其实不过是因为自己过不好、做不到,又偏偏见不得别人好罢了。

2

心理学上说,如果一个人经常在别人面前批评某个人,其实潜意识里是想接近他。因为他知道那个人在某一个领域里特别优秀,而这种优秀,自己没有。所以就会产生一种奇怪的心理,这种心理我们习惯性称之为"嫉妒"。

换言之,如果你总是遭人嫉妒,那么恭喜你,你收到了这世上最真诚的赞美。一个人一旦开始被人嫉妒,就说明离成功不远了,至少在某一个领域里,你活成了别人可望而不可即的样子。

去年刚大学毕业的时候,我们文学社的社长小语,直接进了一家知名的媒体公司,并且坐到了副主编的位置。这对于还在摸爬滚打、朝不保夕的广大实习生来说,简直是开挂了。

她很漂亮,身材高挑且气质出众,走到哪都是焦点。也正因如此,她成了众矢之的。

大家有事没事就四处乱传,说她跟那家公司的老板有染,

甚至还说她为了搏上位不择手段,出卖色相,陪吃陪喝陪睡……

你看,这个世界看似繁花似锦,实则经常暗波涌动。真实的你是怎样的对他们来说一点都不重要,重要的是他们心里爽了就行。

愚昧无知的人最擅长用愚昧和无知去否定一个人,还一身正气地觉得自己理所当然,就是这种自以为是还不自知的态度,使人看起来特别可怜。

3

但小语从来不在意,依然高傲地做着自己的事,走着自己既定的路,无论外界怎样乌烟瘴气,她都不动声色。

有一次周末,我约她出去逛街,忍不住问她,你为什么从来不解释呢?你为什么不告诉他们大学期间,你已经在那家公司的网站写稿三年……

她轻轻地笑一笑,意味深长地跟我说:

"有什么用呢,他们不过是过个嘴瘾罢了。我们永远没有办法让所有人都满意,这些人中,有些人是为你好,有些人是真的见不得你好。嫉妒最可怜了,他们不仅没有做到的能力,又没有接受别人做到的心胸,这种人,本事没有,脾气倒挺大。"

是啊,在他们看来,大家都是从同样的学校毕业,甚至同一个专业，为什么我披星戴月要死要活的才勉强果腹，而你什么都没做却能收入不菲？这不公平，所以你就是做了苟且之事，你就是见不得人。

世上哪有这样的道理？但对于弱者来说，只要他内心平衡了，什么都可以是借口。

嫉妒心是这个世界上最没用但也是杀伤力最强的东西，一旦泛滥，谁都拯救不了。那是既没有办法超越别人，又没有本事使自己发光的无力感和挫败感。所以，但凡妒忌，都是在肯定我们的出色。

因为能遭人嫉妒，本身就是一种能力。不是谁都可以有被人嫉妒的资本，但你做到了，这至少说明，别人远不及你所以看不惯你。

4

俗话说，水往低处流，人往高处走。其实我们每个人，都会在不同的场合和境地看到比自己高的人，我们仰望、膜拜、羡慕或者嫉妒。

而处在高处的人也一样，他们也一样会看到比之更高的人，但是他们不会往下看，因为不需要在不如他们的一群人中找到所谓的优越感。他们会一路往前，以更高更强的人为目标，不断地精进自己、提升自己，以至于活得越来越遭人嫉妒。

所以你看到了吗？只是一味地嫉妒别人的人是最无能的一群人。真正厉害的人，不仅不会为你的嫉妒感到忧心，还会以一副被人崇拜的形象攀得越来越高，走得越来越远，过得越来越好。

嫉妒，归根究底是对自己无能的一种愤怒。

但是嫉妒并不是一无用处，如果你可以将嫉妒别人的这种愤怒化作奋进的动力，不断地去学习和成长，那么终究有一天，你也会成为被人嫉妒的那种人。

而我希望，我们最终，都能活成遭人嫉妒的样子。

你最大的错,就是在朋友圈假装生活

1

下班路过小区楼下,我被前面走着的一对母女吸引住了。

小女孩背着一个粉红色的大书包,拉着妈妈的手蹦蹦跳跳地走着,欢快地说:"妈妈妈妈,今天老师点名夸我了哦,说我的字写得特别好看。"

妈妈摸摸小女孩的头宠溺地说:"宝宝真棒,宝宝今晚想吃什么尽管跟妈妈说。"

一般的小孩听到这个都会开心得一蹦三尺高了吧,但眼前这个小女孩并没有,她特别笃定地说:"不用啦!妈妈这样我会骄傲的哦,我希望以后再努力一点,让老师经常注意到我。"

我惊得不知该作何感想,甚至不太相信自己的眼睛,眼前的这个小孩真的只是小学生吗?

等我平静下来,脑海里清晰地浮现出了三个字:存在感。

是的,尚且是这么小的孩子,便已懂得通过自己的努力获取一定的肯定,那么作为成年人的我们,又何尝不是呢?

2

在这个世界上,人人都在努力地实现自己的人生价值,希望在偌大的世界里找到存在的意义。小到哇哇啼哭的襁褓婴儿,大到步履蹒跚的古稀老人,皆是如此。

记得二胎政策刚出来的时候,很多孩子都认为有了弟弟或者妹妹以后,父母的爱就会被分出去一半,甚至不再要自己,由此心生惶恐,百般阻碍。

孩子的这种危机感,来自于内心深处基本的生理需求。我们常说到一个词叫作"安全度",人习惯在安全度范围内活动,一旦超出就会产生危机感。这跟是否自信没有关系,而是作为个体,对于其存在意义的重视和潜意识保护。

因为这种重视和保护,我们从小就希望父母对我们关爱多一点,老师对我们重视一点;工作以后,希望老板对我们多肯定一点,朋友对我们多理解一点。

我们希望在这个世界上,有自己存在的价值和意义,希望存在感可以实现,以至于有时候乱了节奏,变得矫揉造作,也就是所谓的"作"。其实无非是没有安全感想要得到关注而已,这其实跟发了一个朋友圈，希望有人点赞的心思如出一辙。

3

那么为什么，以前抱着大腿撒泼打滚的事我们现如今不再做了？

一来因为我们长大了，二来是因为转换了阵地。更确切地说，我们不是不再做了，而是换了一种新的方式，这种方式就叫作：发朋友圈。

朋友圈是高速发展的信息时代产物，它改变了我们的生活方式。人们之间的交流，不再是面对面的高谈阔论，而是用一种看似更便捷的方式连接着彼此，这也是大家越来越离不开手机的原因。

大体上来讲，朋友圈的重要性主要体现在三个方面：

一、维系人际关系。

这其中包括了工作和生活两个点，甚至有时候两者巧妙地结合在了一起，不计其数的工作是在微信里谈成的，避免了面对面交谈的烦琐，节省了时间成本，提高了工作效率。

那么生活也是一样的，随着年龄的增长和生活轨迹的不断变化，我们的一些老朋友离我们越来越远。与此同时，我们也在微信的社群里认识了新的朋友。虽然很多时候彼此间的关系由"莫逆之交"转变为"点赞之交",但这一大浪淘沙的过程,使我们明白了谁是真正的朋友。

二、学习。

朋友圈是一个大的生态系统,里面包罗万象,无所不有。我们刷朋友圈并不是为了看到一个和我们一样的人生,而是想要通过彼此间的不同,发现自己人生更多的可能性。

例如,我们可以向旅游类的寻求攻略,与分享类的讨论心得,等等。只要用心,处处皆是学问。

三、记录生活。

这一点是我体会最深的,前两天我在网上看到一句话:岁月终会老去,但文字永远年轻。

我被这句话深深触动了。是啊,生于快餐时代的我们,能抓住的东西真的太少了。人的记忆始终是有限的,我们在日复一日的忙碌中,忽略甚至忘记了原本对我们很有意义的事情,这多令人惶恐。

但是文字就不一样了,文字可以记录。那是一种镌刻在石头上的安全感,无论风雨如何冲刷,沧海如何变化,它都安静存在着提醒自己也提醒世人,这是我,这是我的人生,我曾经轰轰烈烈地存在过。

4

现如今,我们生活的节奏越来越快,做不完的工作,挤不完的地铁,吃不完的快餐……我们行色匆匆地走过一条条街,来不及看风景,也来不及在意谁麻木的脸。

感觉很多话都来不及说,很多心事无处安放。无论多深刻的事都在日复一日的匆忙里变得不值一提,时间久了,我们就开始怀疑人生的意义,开始变得压抑。

节奏变快这是必然的,手无寸铁的我们如果尚不具备与这世界兵戈相见的力量,就暂且收起百无一用的玻璃心,融入这世界的浪潮中,做一只誓要远航的小船吧。

然后在前进的过程中,用心记录自己人生的点滴,用心维系每一段人际关系,用心学习并且保持对未知世界的好奇。

然后你就会发现,一旦你大刀阔斧地往前走,你所留下的脚印就会格外深刻。而这些脚印,可以存在你的日记里,如果你不愿动笔,也可以留在朋友圈里。

记得发完以后,轻轻地给自己点个赞,然后,一路向前。

你的心有多宽，未来就能走多远

你不是说话直，你是没素质

1

同事小西一米五五左右，而且有一点胖，但她是一个少女心格外泛滥的姑娘，独独偏爱小碎花连衣裙。

这不夏天要来了吗，女生们纷纷觉得往年的衣服配不上今年更加优秀的自己了，时不时就要血拼一下。

小西也不例外，某天，她买了一件粉红色的连衣裙，背后有一个超大的蝴蝶结，清新又不失可爱。

大家叽叽喳喳地说开了：

"真好看，你皮肤那么白，粉色显得更少女了。"

"对啊，我也觉得这套裙子特别衬你的肤色。"

就在这时，另一个同事慢悠悠地走过来，冷不丁地冒出一句："衣服是挺好看的，但穿在你身上不好看，你那么胖，穿上一点气质都没有。"

得,这下完了。最怕的就是空气突然安静,连呼吸都泛着尴尬。小西刚刚有多开心,此时就有多尴尬。

于是她冷冷地回应道:"说到气质,那谁能跟你比,不然老板会专门带你出差吗?那肯定是因为带出去有面子啊,不像我们这些人,唉,跟你比不起。"

那位同事气得脸都青了,匆忙转身走了。

因为她跟老板暧昧,几乎是全公司公开的秘密了,小西这么说,刚好戳到了她的痛点,自然悻悻走开。后来我们都安慰小西,说:"不要跟这种人一般见识,她不是说话直,而是没素质。"

是的,一个真正有素质的人,绝对不会在公开场合当众让别人难堪,说话直是不拐弯抹角、心直口快,但绝对不是恶意满满地攻击别人,给别人造成难以弥补的身心伤害。

不分场合和毫无下限地让人难堪,不是一件多光鲜的事儿,但在我们日常的工作和生活中,还真是屡见不鲜。

你身边也一定会有这样的人,他们打着"心直口快"的口号,对人恶语中伤。完了还要补一刀:"你别介意啊,你看我这个人,其实就是性格太直爽了,典型的刀子嘴豆腐心。"

性格直爽?所谓性格直爽就是让人下不了台吗?那这可真是"性格直爽"有史以来背的最大的黑锅。而且我从来不相信

这世上有所谓的"刀子嘴豆腐心",刀子嘴的人,就是刀子心。所谓说者无意,听者有心。你永远不知道无意间的一句话,能给人带去多大的伤害,正如古人告诉我们的"良言一句三冬暖,恶语伤人六月寒"。

2

没有搬家之前,我有一个特别爱多管闲事、嘴比较碎的邻居,五十多岁左右的样子。她原本应该是一个在广场舞界独领风骚的大妈,却把时间都花在了嘲讽别人上。

我们小区楼下有一个卖红薯的阿姨,人特别好,从不缺斤少两。每到中午,一个中年男人就骑着自行车来给她送饭,一下车就说:"我来晚了,饿坏了吧?"

男人憨憨地笑着,从自行车车篓里拿出饭盒,坐在阿姨的身边,轻轻地说:"快吃吧,别凉了。"

正在我感慨他们的幸福时,我那个邻居大妈讪讪地走过来,看着阿姨的饭盒,大声地说:"哎哟,你那么辛苦地摆摊中午就吃这个吗?日子怎么那么苦,这吃的什么呀这是,一点油水都没有,真惨。"

一边说,一边还发出啧啧的叹气声,脸上露出讥讽的表情,扭着身子离开了。

这时候的阿姨，手里端着饭盒直愣愣地盯着她的背影，眼里噙满了泪花，吧嗒吧嗒往下掉。旁边的男人眼圈也红红的，气氛压抑让人喘不过气来。

一旁的我看着眼前这副场景，心里窝了一肚子火，这人简直太可恶了。

我常常在想，很多时候，我们因为说话不当而中伤别人，看似是语言组织能力的问题，实则是根本不会做人。

因为无论是有意或者无意的语言中伤，都无异于一盆冷水从天而降，浇灭的不仅是对方费尽千辛万苦燃起的火苗，还有自尊心和自信心。

3

记得我刚考上大学那会儿，全家人都特别高兴。当时母亲对我说，你现在考上大学了，以后更要努力了。在我们家啊，你是学问最高的了。

那几天，全家一直洋溢着幸福和喜悦的心情，直到一位熟人有意无意地问道："听说你家女儿考上大学了，还很厉害呢，是清华还是北大啊？"

父亲说出了学校的名字，他立即露出惊讶的神色说："那是个什么学校啊，听都没听说过，这种学校毕业了也找不到工

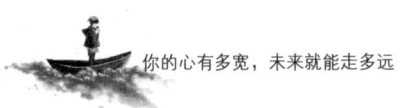

作吧?上了也是白上。还是我儿子比较厉害,他考的可是名校呢,毕业以后单位都抢着要他……"

他说完就拍拍屁股走人了,留下凌乱的父亲和凌乱的我。

气氛莫名陷入压抑,全家人所有的幸福和满足,被叽里咕噜的一阵连珠炮弹,轰得荡然无存,所有的好心情顷刻间便烟消云散。

但是平静下来以后,父亲语重心长地跟我说:"你不要听别人怎么说,嘴永远长在他们自己身上,而日子是我们自己的。用别人的过失来惩罚自己,是最傻的一件事了。"

这些年,我一直记着父亲的话,也时常拿来提醒自己。是啊,我们在照镜子的时候,如果脸上有东西,我们第一反应是镜子脏了。那么也是一样的道理,别人用言语中伤我们,我们为什么要觉得错的是自己呢?

4

人生在世,免不了磕磕碰碰,更免不了遇到几个让我们闹心的人。他们像一颗定时炸弹一样,时不时就要出来炸一下,防不胜防。

我们常常说,人的语言表达能力,最能体现一个人的情商和修养。你会不会说话,你修养是怎样的,这个是装不出来的,即使可以蒙混过关一两次，也总有一天会露出马脚。

因为这是岁月长期沉淀的结果，不是刻意掩饰就能掩盖得了的。不要说什么"刀子嘴豆腐心"，我永远相信，一个真正"豆腐心"的人，根本不会允许自己为了过过嘴瘾，去肆无忌惮地伤害别人。

当你再以性格直爽为由，来为自己开脱的时候，想一想，自己究竟是不会说话，还是不会做人？

你会不会说话这个我还真不知道，但是我能确定的是，一个会做人的人，不会将自己的嘴瘾建立在别人的痛苦之上。

归根究底，身为一个人，对自己最基本的尊重，也不过是懂得拿捏分寸。

而好好说话，是值得我们一生去学习的功课。

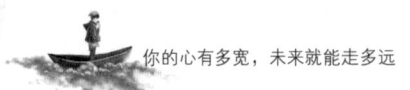

你没经历过,就别说感同身受

1

"人们口中的'好事成双'听起来应该是真的吧,只是遇到好事的那个人从来不是我。不过我一般也是成双的,只是那个双,叫作'祸不单行'。"

说这段话的时候,闺密瑶瑶正将一大块炸鸡往嘴巴里送,一边送一边感慨人生。原本很惨的一件事儿,愣是被她说出一种大义凛然的悲壮来。

她决定跟恋爱长达6年之久的男友分手,表面看起来是因为男友的长期跟她讲"大道理",实际上是两个人的价值观产生了根本上的分歧。

所以分手是必然的,只是何时分罢了。

导火索就是昨天下班,当她委屈巴巴地控诉自己替同事背黑锅,被老板骂得狗血淋头时,他的男友说:

第三章
你走过的泥泞,是别人没有的风景

"这事你能怪谁?为什么背黑锅的是你,不是别人?能不能不要在事情发生的时候只是找别人的错却从不反思自己?要我说,你也是活该。"

不说还好,一说瑶瑶的情绪瞬间达到了高潮。说时迟那时快,她上去一把掀翻了面前的电脑桌,笔记本电脑"啪"的应声而落,一场刀光剑影的战争,正式拉开序幕。

"找你诉苦是听你讲大道理的吗?你以为我真的在乎谁对谁错?我要的只是你的态度,我要你挺我!我要的是你的安慰而不是你泼的冷水!"

说完她胡乱收拾了东西,拉着行李箱摔门而出,走得坚决也痛快。按照她的脾气,他们之间这次铁定是玩完了。

2

好了,她所说的"祸不单行",失恋只是其一而已,那么其二就是失业。

是啊,她被老板骂过以后当时是忍住了,但是第二天她就将辞职申请书甩在了老板办公桌上,并且说:"你这种不分黑白的人,根本不配做我的老板!我不干了,自己慢慢玩去吧。"

不过最后那句是她自己脑补的,因为还有工资没有发完,她暂且不敢这么猖狂,因为她的那个文青男友总是跟她说:"弱

者在现实面前是没有自尊心的,你要活下去,所以就要在必要的时候低下你骄傲的头颅,你总要先有生活,再有体面的生活。毕竟一个将生存放在首位的人,不能过分强调自尊。"

她听了,也信了,毕竟现在确实没什么钱。所以她一直忍,不是她的错她担着,不是她的班她加着。忍到灯火通明,忍到花都谢了,忍到又一个夏天来了。

大家都知道,一个从不发火的人,一旦发起火来,绝对是一场火山爆发,比天塌了还要可怕。所以她同事将签错单的事推到她身上,导致她被老板骂得狗血淋头的时候,她瞬间顿悟了:

"就是我太能忍了,才给了你们这些人无数次将刀子捅向我的机会吧?那还忍什么呢?我是忍者神龟吗?有拯救世界的重担扛在龟壳上?我不干了!"

很好,很霸气,她这么想了,也这么做了,然后她就失业了。

原本挺戏剧也挺心酸的一个事,但是却使我感到一种悲凉。悲凉的不是这件事的本身,而是背后折射出的无数道理。

例如,他的男友就是很典型的那种站着说话不腰疼的人,且不说这世界上没有什么感同身受的事儿,就算有又怎样?你毕竟不是她,你有什么资格站在道德制高点上去讲这些所谓的大道理跟别人听?讲就讲吧,凭什么还摆出一副"我是为你好"的普度众生的慈悲情怀?你是观音姐姐吗?

说到这，我想到郭德纲的那句："其实我挺厌恶的那种就是，不明白任何情况就让你大度的人，这种人你要离他远一点。"

3

还有一个综艺节目，讲过一个故事。

说的是一个小女孩，从小被亲生的父母抛弃，跟着养父养母一起长大，养父母对她情深义重，视如己出。所以女孩不愿意原谅和接受亲生父母，在她眼里，只有养父母才是自己的父母。

但这个时候，该节目的某位导师站在道德的制高点上，跟那个女孩说："你应该原谅你的亲生父母，如果不原谅，那就是心胸狭隘，你一辈子都不会幸福。"

我当时听完就呵呵了，这是为了做节目效果？这个世界上除了有礼教之外，还有情理之说好吗？不是所有的过错都必须被原谅，积压那么多年的痛和伤害，是你规劝几句灌几口鸡汤就能解决的吗？

子非鱼，安知鱼之乐？这句话你没听说过？

你不了解我的处境没有关系，好，我不怪你，但是能不能不要任意替我下结论？每个人都不是圣人，都会有委屈难过的负面情绪。这个时候我不希望有人站出来劝我说，你要坚强，你要乐观，你要45度微笑仰望天空，这世界很美好啊，你要心

存感恩。

对,我知道这个世界很美好,我也知道乐观很重要。但是你有没有想过,你话说出来简单,动动嘴皮子的事儿,那我呢?你换位思考过我吗?有些事是终其一生都过不去的啊,能过去的那也不叫事了,好吗?

所以,你劝我可以,但请在劝我之前,务必站在我的角度上了解事情的是非曲直,然后再做出理性的判断,好吗?

4

为什么年龄越大,经历的事情越多,反倒越不喜欢听所谓的大道理?

因为这些大道理实质上代表的是一种很片面的价值观,写大道理的人永远都是以自己的人生经历为基准,站在个人的角度上告诉你一个看似很深刻的道理。

但事实上,他们忽略了一个事实,那些所谓的励志鸡汤能触动到的,永远只是尚且没有成功的一群人。因为成功了的人,是不会看的,他们不相信世界上有所谓感同身受这回事,他们向来相信的,是自己的双脚踏过的地方,相信自己的经历和自己的亲身感受,这些才是真实的。

如果一个人连自己的事都做不好,连自己的路都不知如何走，还要不分青红皂白地去听别人讲的所谓大道理，然后悲戚地感慨自己的人生，那这个人，多多少少都有些可怜，因为他活得没有自我。

即使能在别人的人生经历里，找到令自己奋进的力量，那么前提也一定是，不能迷失基本的自我价值观和判断。而我们真正需要的，不是别人站在自己的角度上，跟我们讲自己熬制的鸡汤，而是首先要明确自己脚下所走的路和所要前进的方向，然后去努力并且为之坚持，剩下的，就交给时间。

所以，你没经历过，就别来评判我的选择；你不是我，也无须左右我的思想并且试图控制我的人生。

我不相信感同身受，我只相信自己的感受。

热爱生活的人，都喜欢做减法

1

"老实说，不搬家的时候从来不会觉得，家里的东西原来那么多。"

说这句话的时候，我妈正抱着一个大箱子，里面全是乱七八糟的鞋子和衣服，不仅如此，还有各种各样的瓶瓶罐罐，大都是一些平常没舍得扔掉的，觉得或许总有一天会派上用场的东西。

总是这么想，总是不轻易扔掉任何东西。为了不确定的将来将现在努力地塞满，好像只有这样才会有足够的安全感。

其实这是一种病，叫作囤积强迫症。得这种病的人很少会意识到自己有病，总是喜欢添置新物件却舍不得扔掉旧东西。

久而久之，就会被这些乱七八糟的东西，弄得心烦意乱。

我抱着几个小箱子跟跟跄跄地走着，爷爷问我："怎么这么多箱子啊,里面都装的什么?"

"没什么啊,只是觉得它们很好看,没舍得扔,或许以后可以当收纳盒。"我一边吃力地走一边说。

"扔掉吧,总是说以后用得着,如果它真的有用早就用了,它的价值不会随着时间久了就增值的。没用的东西即使再好看,留着也终究没用。赶紧扔掉,搬来搬去只会给自己找麻烦。"爷爷一脸不耐烦地说。

我有点蒙,心里的一根弦好像突然被触动,然后若有所思地慢慢走向垃圾桶。

2

我从爷爷的字里行间里悟出了所谓"人生在世,要懂得随时清零"的道理,然后便想起来我一个朋友剪掉一头长发的事情。

跟很多女孩子一样,我从小就梦想着有一头瀑布般的长发,为了一个长发飘飘的美少女形象,我从记事起就没有剪过头发了,但依然没到腰间。

而我的朋友小唯,就是我梦想中全部美好的样子,她瀑布一样的黑长直发,简直美出了境界。可是,在某个周末,她竟然直接剪成了短发。原因是,她失恋了,所以要换个发型,换种心情。

她说：长发及腰再好看又怎样，但我觉得我并不适合，不适合再怎么样都没用，没用的东西当然得扔掉它，其实这就跟人一样，哪怕他再好，但我不适合，我跟他在一起不快乐，那还不如果断分开来得痛快。

是的，没什么好舍不得的，剪掉的头发会重新长出来，就好像失去了错的人终究会再遇见其他人一样。甚至重新长出来的头发会比以前发质更好，而再次遇见的人，也比以前更让人心安、更加可靠。生活不就是在这样一直失去一直重新得到的新陈代谢中，逐渐变得好起来的吗？

除此之外，她还是一个彻彻底底的极简主义者，做事向来果断，从不拖泥带水，她一直相信生活质量提高与否，往往取决于你是否懂得适时地扔掉一些不必要的东西，是否允许那些瑕疵破坏原有的空间。

不只是物，其实人也是一样的。

同样是经历失恋，但不同的人却有着完全不同的应对态度，曾经有位读者在微信公众号后台分享了自己失恋的故事，我一直记到现在。

如果说当时的失恋是一个一触即痛的伤口未免有些矫情，因为对于如今的她来说，已然释怀了大半。但那段食不知味、夜不能寐的稚嫩时光着实难忘。

那时候的自己特别不成熟,特别是当时的男朋友提出分手的时候,自己简直崩溃了,直到他走了很久,自己依然小心翼翼保存着那些"遗物",即使是在上课期间传的小纸条,都要一张一张地折叠好,用小盒子细心地封印起来,藏在抽屉里,锁上。

对当时的她来说,那是长这么大以来,最珍贵的记忆。

3

后来房子拆了,她的妈妈把那个盒子整个扔了,她原以为扔掉以后自己会难过很久,但是并没有,扔掉以后,自己反倒彻底地释怀了。

其实自己早就不在乎他了,更不在乎跟他在一起的那些时光,自己真正在意的,是在那段时光里傻傻去爱的自己,以至于迟迟不忍心做出断舍离的决定。这个时候,如果有人助她一臂之力,将所有的记忆一并删除,她也便彻底地痊愈了。

她说,就是从那个时候开始,她便养成了一个习惯,那就是在开始下一段感情之前,会将之前的记忆全部清空,一身轻松地重新开始。

以前的自己会觉得留个纪念对以后的成长特别重要,但是时间渐渐地证明,这些东西只会成为前行的负担,它们会在你

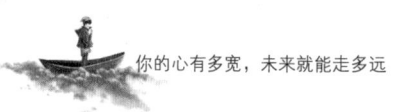

想要放下重新开始的时候,引诱你频频回头。

这个时候,你既回不到过去,也不能尽心欣赏沿途的风景,渐渐地,你就变成了一个拿不起也放不下的人。

而真正懂得生活并且会享受生活的人,必然不会抱着老照片可怜兮兮地怀念从前,他会收藏曾经的美好,总结过去的得失,然后那些酸甜苦辣的经历和情绪统统变成自己的人生阅历和处世经验,从而更好地一路向前。

其实哪有什么所谓的念旧呢?只有把握不好现在的人才会去念旧,那是一种对当下不满,又无法回到从前的无力感。因为真正念旧的人从来都不会让念旧这一举动,成为自己前行的阻力,这样不仅亵渎了念旧,更否决了自己的自愈能力。

毕竟人活着,本来就很累了,为什么还要用一些没必要的东西和情绪来占据我们的时间和空间,从而拖慢我们的人生进程呢?

如果说我们都是徒步旅行的跋涉者,那些东西就是大大小小的包袱,只有扔掉那些无谓的包袱才能更好地上路,这道理你不是不懂,那还留恋什么呢?

4

希望我们都能活得洒脱一点、果敢一点,就像连岳先生在《学会浪费》里说的那样:以后凡是我不需要的东西,即使崭新,也会第一时间就扔掉,放在垃圾桶里。

你可能会觉得,好浪费啊。

其实不是的,你之所以会这么想大概是因为你还没有学会浪费,你心里还是舍不得的。所谓浪费,表面看起来是物质的损失,其实是内心的放松,也是对自己的一种宽容。

我很赞同一句话:学会浪费,护肤品用好点,去上好的餐馆,穿更好的衣服。你不应该知足,这样才能增长能力,才会一直不断地学习,不断精进,在自己能力范围内,给自己最好的待遇。

把不需要的统统丢掉,就好像一件不会再穿的旧衣服、一段不适合的恋爱、一份不合适的工作。只有丢掉这些没有用的东西,才会给有用的东西和那个对的人腾出空间。

然后你就会渐渐地发现,一身轻松地上路,连呼吸都会变得格外顺畅。也只有当你把该扔的统统都扔掉的时候,你才会真的意识到,以前那个瞻前顾后、学不会断舍离的自己,活得有多无趣。

而那个时候的我们,就会真的懂得,其实生活不过是一直做减法罢了。

你的心有多宽，未来就能走多远

1

无论是在工作还是生活中，那些格外让人触动的瞬间，往往都体现在微小的细节里，无论是瓢泼大雨还是晴天朗日，都能让人感受到丝丝暖意。

上周朋友跟我说起她跟主管去参加培训的事，当时他们叫了滴滴但迟迟没到，眼看离培训的时间越来越近，朋友的耐心也渐渐地被磨完。

于是她跟主管说，这位师傅应该是个新手，这边显示只接过4单，而且一直走错方向，要不我们取消再叫一辆？

没想到主管不仅没责怪反倒很耐心地宽慰她："没关系，凡事都需要一个过程嘛，谁都有刚开始的时候。适时懂得给别人犯错和成长的机会，对他们来说，可能比什么都重要。"

主管的话使她格外动容，她瞬间想起了自己刚入职那会儿，主管也是这样一次一次耐心地引导她,给她机会去试错,给她时间去成长。

如今在陌不相识的滴滴师傅身上,她看到了一样的宽容和体谅,这种修养,大概就是植根于内心深处的善良。

2

没有人生来就是什么都会的,我们都是在不断地试错和发现中,变成我们更想要的那个自己。那为什么不试着换位思考,给别人一个小小的机会,去成长和完善自己呢?

想起大一那年寒假,我在家附近超市里的文体专柜做销售员,因为临近过年,很多人要给孩子买礼物,所以我们专柜时常忙得不可开交。因为刚到,我很多操作都不熟悉,一个人的时候,经常紧张得手心冒汗。

临近除夕的某天晚上,老板临时不在,很多人等着我开单、装电池,我跑来跑去哪怕一刻不停歇,也还是怠慢了很多人。

这时候有位大叔站出来大声说:"大家都别着急也不要乱挤哈,我们到这边排一下队,一个一个来,人家小姑娘一个人也忙不过来,我们这样反倒乱了,这大过年的,都理解一下……"

我当时看着他就像看着观音菩萨,他是上天派来拯救我的天使吗?我感动得一塌糊涂,即使是寒冬,心里也愣是被温暖

你的心有多宽，未来就能走多远

得春暖花开。

或许他永远不知道，他举手之劳的善良于我来说是多大的宽慰。那种来自陌生人的力量支撑，无异于寒冰里的暖流，不只是因为他给我们成长的机会，更是给了我们去选择相信的理由。

3

我们经常会说，人这一生最贵莫过于人品。一个品行好的人必然懂得设身处地为别人考虑，懂得换位思考。

对他来说，或许好修养只是举手之劳，但对别人来说，无异于生命之光。

我的高中同学小雅大学读的是护理专业，实习那段时间，每晚都紧张到失眠。因为她要不断地练习扎针，她很怕扎痛别人，很怕一次又一次失败。

有一次，她遇到了一个脾气特别暴躁的大爷，在她第一次扎失败以后便对其破口大骂，小雅吓得当场就哭了，还好当时护士长来救场，才解了围。

从那以后，她就更紧张了，人也变得越来越没有自信，于是就不断拿自己的手做实验，把自己的左手扎得面目全非，甚至还赌气说："干脆放弃算了，自己根本不是做护士的料。"

话虽这么说，但最后她还是坚持下来了。有劈头盖脸的批评就一定会有暖心的鼓励。就像那次她遇到一个跟妈妈年龄相仿的女士，微笑着跟她说："姑娘，阿姨不怕疼，一次扎失败了就再来一次吧。"

原来阿姨的女儿跟她一样，也是一个护理专业的学生，她还跟小雅说，希望以后，自己的女儿也能遇到这样的病人，给她鼓励，给她时间去成长，给她机会去犯错……

小雅听阿姨说完，从头暖到脚，又想哭了。

同样被感动到的还有我。记得小时候学语文，有篇课文叫《将心比心》，没想到同样的场景，就这么发生在了现实生活里。

把小雅骂哭的大爷不会知道他那一刻的凶狠会给她留下什么样的阴影，给予小雅鼓励的阿姨也不会知道她的善意会给她多大的启迪。但是两者的不同，必然决定了两个人会过着截然不同的人生。

4

时间像一辆不断前行的列车，一路推搡着我们跟跟跄跄地向前，人与人之间的分别，也越来越明显。

我给你相应的报酬，你就应该给我同等的服务，否则我就有理由投诉你。这看似很合理，但是会不会少了些许温度呢？

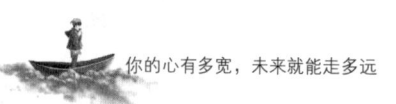

　　我们能不能试着换种柔和的方法和这个世界相处，能不能不要总是兵戈相见格外冷酷？能不能哪怕你没有达到我的预期，只要在我承受范围之内，就可以获得原谅。

　　因为我的善良，允许我给你机会成长。因为我们都明白，没有人生而完美，生来什么都会，生来不会犯错，生来和这个世界相融相和。

　　那么这一刻，我给你宽容和谅解，或许利益会有一点点受损，体验会没那么完美，服务会没那么周到，但是那又怎样呢？我的心胸会比谁都敞亮。

　　而心一旦变宽，又何愁害怕走不远？

用一生与别人去比较,是人生悲剧的源头

1

我的童年是有阴影的,这一点毋庸置疑。

大概是因为那时候收到的否定太多了吧,原本就是一个普通孩子,长相普通,身材普通,成绩普通,什么都普通。

可普通就普通吧,就是想安静地做一个普通人不行吗?只想在拥挤的人群里慢慢地走,长长的日子,慢慢地过。

但事实告诉我,这不行。

因为我所追求的普通,在世人眼里其实就是没出息,就是不思进取。比如,老师会说,你看你同桌,他写的作业多工整,而你呢?根本就没法看;比如,同学会说,你看我的衣服多漂亮,你看你穿的那是什么呀,丑死了;比如,妈妈会说,你看别人家的孩子多厉害,考试考了满分呢,你看你,又不及格,你真给妈妈丢脸。

在这种环境中长大，渐渐地也就习以为常，认为人这一生就是应该在跟别人的不断比较里，凄惨地过下去。

这种想法一旦成形，便渐渐地在以后漫长的时光里深入骨髓，甚至长大以后，会跟别人比工作、比收入、比男朋友、比老公、比孩子、比孩子的学习成绩。

于是，就开始怀疑。

人生为什么要活在与别人的不断比较中呢？这一生只有一次，为什么不能活给自己？每个人都有自己的路要走，有自己的选择和价值判断，如果要以别人的人生为模板，那我们活着的意义在哪里？

不仅如此，一味地跟别人盲目地比较，不仅会失去自己的原则和底线，渐渐地还会影响幸福感，甚至活在别人的阴影里，一步一步弄丢自己。

2

纵观我们的生活，其实这种毫无来由的比较，无处不在。它们的存在就像我们肉里的一根刺一样，不碰就算了，一碰就要痛好多天，但是却始终拔不出来，因为人只有在与别人的比较里，才能做出自己的判断，没有对比，就没有伤害，也便体会不到那种优越感和幸福感。

我没搬家之前,有位邻居大妈就是这样,凡事都要与别人比较,不管自己过得好不好,反正只要比你好,那就是真的好。

她今年将近60岁,儿子在美国的一家律师事务所工作。从她第一次说算起,直到我搬走,她总在说,自己的儿子很厉害,工作很忙,实在走不开,但儿子有的是钱,她从来都不缺钱,衣服尽管买,想吃什么尽管吃。

每次说到这些的时候,她都眉飞色舞的,一副"我最厉害,你们谁都比不起"的样子。一开始我以为她是一个了不起的母亲,但当她用儿子的成就来贬低别人的时候,我对她的好感瞬间减少了大半。

原来她不是为了炫耀儿子而炫耀,而是为了在炫耀儿子的时候把别人比下去,以此找到快感。那她的内心,是虚荣还是自卑?

要知道,一个真正富有的人是不会这样四处炫耀跟人比较的,因为她没有自卑感。

果不其然,她的秘密终究还是泄露了。

记得某年夏天,她在楼下的公园里赏花,突然从草丛中爬出一条大蛇,缠住了她的脚踝,她当时觉得脚下一冰,低头看了一眼,大喊一声,便直接晕了过去。

同小区的住户闻声赶来,赶蛇的赶蛇,救人的救人。直到

你的心有多宽，未来就能走多远

被送到医院，大家才知道，原来她有很严重的心脏病，这些年一直在吃药。更严重的是，医生查出她还有其他的病，问我们能不能联系到她的亲人。

这下大家都傻眼了，平时只是听她四处炫耀了，只知道她唯一的儿子在美国，但怎么联系，还真没人知道。

她醒来以后，医生让她通知家属，她犹豫半天始终没有回应，最终实在没有办法了才承认，她之前所有的炫耀其实都是她凭空捏造出来的。她曾经有过一个儿子，但后来因为车祸去世了，被赔了一笔钱。她是在远房侄子的帮助下，搬到了我们所在的小区，但自从她搬进来，她侄子一次也没有来过。

而她之所以编造谎言去跟人比较，不过是因为怕别人看不起她罢了。这些年，她一个人过得特别不容易，好多次都想放弃自己的生命了。也只有在跟邻居的不断攀比中麻痹自己、欺骗自己，她才能以寻求一点点微不足道的存在感和优越感，来鼓励自己勇敢地活下去。

想来也实在可怜，她说出这些话的时候，没有人嘲笑她，大家更多的是心疼她。

其实自己的日子过得怎么样，只有自己心里最清楚，无论何时何地，自己的感受才是最真实的，无论别人怎么说、怎么看，都始终与别人无关，过好自己的日子，才是最重要的。

话虽这么说，如果人人都能做到，世界上又怎么会有攀比一说呢？

说到底，人的虚荣心不过是源于不自信。但是他却忘了，每个人仅有一次的人生，不是为了跟别人比较才存在在这个世界上，而是要活出独一无二的个体，无须管别人如何，自己亦是风景。

要知道，用自己的一生去与别人比较，才是人生悲剧的源头。

3

为什么说不要轻易地跟别人去比较呢？还有一个原因就是，每个人的追求不一样，就像完全不相交的轨道一样，丝毫没有可比性。

一百种人的眼里，生活有一百种不同的样子，有的人觉得坐着私人飞机、开着豪华游艇都感觉不到开心，可是有的人卖一个5块钱的手抓饼，都觉得自己是世界上最幸福的人。

你能说卖手抓饼的那个人有错吗？他也不过是想用自己喜欢的方式过一生而已，他又有什么错呢？

有的人终其一生追求金钱、名利、欲望；有的人就想平平淡淡地娶妻生子、安然度日。我们不能说前者是成功的，而后者就是失败，每个人选择不同，你可以不认同，但是必须选择

尊重。

因为每个人都是自己人生的主人，这一生要成为什么样的人，要做一份什么职业，要达到一个怎样的高度，都必须由他自己本人说了算。

毕竟能按照自己的意愿过一个喜欢的人生，就已经无憾了，而无憾便是此生最大的成功。

但人总是要向前走、向上看的，我们可以把那个比我们厉害很多的人，当作自己学习的榜样，并且锲而不舍地去努力。但前提是不要盲目否定自己，要知道，你真正应该与之相比的人，其实不是那个成功的别人，而应该是昨天的自己，只要今天的你，优于昨天的你，那便是最大的成功了。

而在没有搞清楚自己想要什么之前，在没有对自己有一个基础的定位和清晰的判断之前，就去盲目羡慕别人且否定自己的人，才是真正意义上的失败。因为他既不懂得何为比较，又不懂得何为成功，他口中所追求的优秀，也不过是源于内心的虚荣。

如果非要跟人比，那你唯一的对手只能是过去那个稍显稚嫩的自己，请一定要找到他，在时光运行的轨道里拥抱他、肯定他、完胜他。

而当你一天接着一天不断地完胜他的时候，你便会一天比

第三章
你走过的泥泞，是别人没有的风景

一天懂得感恩，因为你心里比谁都清楚，你之所以能赢，是因为曾经走过多少弯路，吃过多少无处言说的苦。没关系，这一切都值得，时间终会告诉你，你为了达到自己的目的，曾经付出过多少，而时间由昨天变成今天，她又回馈你多少。

唯有如此相比，人生才有存在的意义。

你走过的泥泞,是别人没有的风景

1

晚上八点半,我讲完最后一场微课,便登录了微信公众号后台,看到很多人都留言说,今晚更新的文章为什么删除了?

我急忙打开去看,刷新一遍再刷新一遍,然后才最终确定,原来是我不小心点了删除,文章就没有了,这真的是我工作中犯的最低级的一个失误了。

那一刻,我特别绝望,绝望得想哭。

自己到底有多忙?忙到连精神都恍惚了。但我根本就没有时间哭,必须在失误的基础上尽量去弥补,然后再继续写下一篇,准备明天的推送。还有大把大把的事情等着我去做,以前的经验告诉我,越是情绪低落的时候,越是要让自己有事可做。

只有这样才能有效地分散注意力。无论到任何时候,我们总是更喜欢那个努力的自己,因为努力的样子,最美了。

再说，失误和犯错实在是生活和工作中最正常的事情了，换个角度去想，也未尝不是一件好事。

有句话说：一个人成长很容易，成熟却还难。不经历几次失误，不犯几次错，又怎么敢说自己经历过呢？而我们从小到大，不也正是在不断犯错然后再不断改正的过程中成长并且逐渐成熟的吗？

害怕失误和犯错，其实就意味着失去了一种新的尝试和一种新的可能性，换句话说，因为害怕错误而不敢行动，这件事情本身就是止步不前，而止步不前就是错误。

说白了，犯错其实就是一种经验的积累。勇于尝试和接触新的事物，不害怕犯错，即使犯了错也不逃避，而是用一种积极的心态和方式去面对，先尽自己最大的力气去弥补，将损失降到最低，然后虚心总结得失，迅速成长。这才是一个成熟的成年人应该持有的态度。

2

但我们鼓励在犯错以后积极面对，并不代表鼓励犯错本身，因为有些错误并非是我们所能承受得了的。

我是在大一那年去广交会做展馆翻译的时候，第一次真切地意识到犯错对企业来说意味着什么，即使犯错的不是我，但

依旧心怀戚戚了好多天。

当时我所在摊位是做陶瓷工艺品的，每一个样品的尺寸在生产之前都必须跟客户再三确认，甚至精确到几毫米，否则样品一旦出现差错，后期的大批量生产全部都会作废，那么对于企业来讲，损失的便不是一星半点那么简单。

可是，不怕一万，就怕万一，意外还是发生了。

由于设计师跟生产部的沟通出现一点问题，导致产品的内径尺寸出现偏差，而当时那批货已经开始了批量生产，这个错，算是已经犯下了，且该客户是公司长期合作的VIP客户，随时都有可能面临着解约。

而那位出错的设计师，当时也不过是二十几岁的样子，瘦瘦弱弱的，满眼都写满了无措和惶恐。那是我第一次看到一个男生，无助到将所有的恐惧尽显眼底。闭馆以后，他迟迟都没走，一个人坐在路边，一边吸烟，一边抹眼泪。

当时的我尚在读书，没有丰富的职场经验，但从他的惶恐的眼神里，我隐约感觉到，这件事严重到远远超出他的承受范围。

好在他有一个好老板。

第二天，老板不仅没有发火还很耐心地宽慰他，跟他说，这件事情显然是因他而起，但所有相关的人都有责任，既然错误都已经酿成了就不要过分自责了，换种心态，或许还有转机呢。

想来他也是幸运,在调整好心态之后,他竟然找到了刚好需要这批生产错尺寸的产品的客户,于是全部签给了他。而原先的客户,经过他真诚的沟通,也同意将产品延期。

可以说是皆大欢喜,欢喜到他自己都完全没有想到。

但是试想一下,如果当时他没有经过老板的耐心引导,没有积极地弥补自己的错误,会不会就面临着不一样的结果?自己被炒鱿鱼,公司损失惨重,跟客户解约赔偿等一系列的恶劣影响……简直无法去想。

后来我问他,当初你是抱着怎样的心情去尽力挽救的?

他说:"其实我当时一点信心都没有,我只知道,如果我去尝试了,还有挽救的可能,如果不去,连一点机会都没有。而这么严重的后果,如果我试一次的勇气都没有,那我以后无论走到哪里,都永远不可能原谅自己。这不只是职业操守的问题,更是处世态度、原则和态度问题。毕竟错误是我犯下的,本就应该我去承担,哪怕承担不了,也要有承担的决心和态度。"

他的一番话彻底触动并且影响了我,直到现在,直到永远。是他让我明白,即使犯错也一定要尽自己最大的力气将它扛起来,及时给我最佳的解决方法,哪怕结果不尽如人意,也一定不能选择逃避,这不仅关系到责任和道德,更是一个人的个人修为。

你的心有多宽，未来就能走多远

也是他告诉我，其实比犯错更可怕的不是已然酿成的恶果，而是当事人消极的应对态度，因为一旦消极，就等于直接扼杀了挽救和弥补的机会，那么在你以后漫长的人生旅途里，都会是一个无法抹去的阴影，它不仅彰显了你的无能，更彰显了你的品行。

3

记得宜家的发起人曾经说过："我们只有在睡觉的时候才不犯错误。"

是啊，犯错太正常了。错误提供了获取新知识的机会，一个人犯错越多，他从错误中所学到的东西也就越多，进步也就会越快。相反也一样，如果不是没有从错误中学到东西，那犯的错越多，越是容易拖垮你。

这也是当初那位老板没有责怪年轻设计师的原因，他说："年轻人，容易莽撞，心不够细，阅历也少，犯点错没什么，反倒是种历练，但前提是，你既有犯错的能力，也要有承担后果的能力，只有在犯错后积极应对，并且有许多收获，这样犯的错才是值得的。"

换句话说，如果不给年轻人任何犯错的机会，其实就是抹杀了企业发展的千万种可能性。毕竟，没有人会永远不犯错，但如果犯错的人能在错误里快速崛起，对于企业来讲，才是长远的利益。要知道，开除一个人远比培养一个人容易得多，而最终培养起来的那个人，不仅优秀，而且忠诚。

这样的老板，才是真的有着高瞻远瞩的大格局和大智慧，着实令人敬佩。

如今的我，在步入工作岗位以后，不能保证永远不会犯错，但却能保证在犯错以后端正态度，承担一切后果，并且虚心汲取经验。也正是这种态度，使我逐渐意识到自己想要的究竟是什么，而我也在这些错误中，认识了自己的不足，也看到了自己更多的可能性。

就像《暮光之城》里，毕业典礼时杰西卡曾说的那样：

"当我们 5 岁的时候，别人问我们长大后想做什么。那时候我们会说，宇航员、科学家、总统之类的，或者于我来说，想做一位公主。当我们 10 岁的时候，他们又问一次，我们回答，摇滚明星、牛仔等……但是我们现在长大了，他们想要真正的答案。这谁知道……现在不是做出艰难而仓促的决定的时候，现在是犯错的时候。登上错误的列车，困在某处；坠入爱河，一次又一次。主修哲学，因为那是最没有前途的职业。改变主意，再反悔，因为没有什么是永恒的。"

所以，尽可能地去犯错，只有这样，有一天，当他们问我们想做什么时，我们无须再猜测，因为答案已经了然于心。

第四章

你明明配得上更好的生活

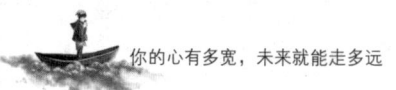
你的心有多宽，未来就能走多远

你明明配得上更好的生活

1

朋友创业失败了，从一座大房子搬到了小房子，我原以为她很沮丧，直到上周末我亲眼看到了她的小房子。

那是一座很破旧的公寓楼，进入她那栋小小的两室一厅之前，要穿过一条狭长的走廊，虽然在十一楼，但光线依旧很暗。

她欣喜地在前面带路，说，现在你觉得拥挤，等下进来，就会有大惊喜。

果然，随着她打开门的一瞬间，我被彻底惊呆。整个房间被她刷成了薄荷绿，还有淡淡的清香味，绿色的蕾丝窗帘，还有吊起来的绿萝，田园小清新风格的装修让人心情大好，这明明就是座迷你版的别墅嘛。

她说，这些其实并没有花很多钱，很多都是自己从二手市场淘来的、朋友送的、房东留下的，然后自己动手二次加工。

虽然房子是租来的,但是日子是自己的,总是希望能过得好一点,再好一点。

是啊,我们买不起房,但是却可以买得起家。无论曾经吃过多少苦,都始终不能放弃对生活的热爱,因为我们,明明配得上更好的生活。

2

有一年冬天,公司停电,决定调休一天,只有前台小慕一个人留下来值班。

当时我因为忘了东西在公司,就跑过去拿,原本以为小慕会躲在沙发上休息、玩游戏或者逛淘宝,所以当她妆容精致、穿戴整齐地出现在我面前时,我整个都惊呆了。

她说,打扮整齐再来上班,才是对工作最大的敬畏,一定要有仪式感,这样才能全身心地投入。

这话我认同,忍不住要为她爆灯,小慕的工作态度和工作能力我们全公司都有目共睹,虽是前台,却一秒都不曾懈怠。

特别是她对工作那份"敬畏心",无论何时何地,她都妆容精致,打扮得体,不允许自己有一点点的敷衍。

毕竟生活和工作都是自己的,只有自己的感受才最真实。如果将自己收拾好看一点,心情就会好一点,那为什么不选择

积极呢?

不敷衍,更不随便,将日子过得认真一点、体面一点,即使没有身家百万,也千金不换。

3

曾经跟表姐一起拜访过一位伯母,她身体不适做了一场手术,原本以为她会瘦一大圈,但整个人看上去却格外精神。

她说这都归功于她日常养成的好习惯,才会这么快恢复。她每天早上都会去晨练,晚上做做瑜伽,饮食规律,作息规律,想不好都难。

我跟表姐都惊呆了,她跟我们想象中的样子简直大相径庭。

伯父很早就去世了,她一直一个人孀居乡下,平常养花种草,看书写字,简直活成了陶渊明诗中的样子。

因为工作的关系,我经常睡得很晚,身体特别差,刚刚20岁出头就觉得自己老了,前段时间还把自己弄进了医院。

熬夜已然成了我们最难的自律,但是我们常常忽略了一个道理:如果我们不爱惜自己的身体,生活永远无力来爱我们。

4

我有一个闺密,特别追求完美,简直就是偏执狂。

哪怕是简单的发一个朋友圈她都要反复P图无数次,直到没有一点瑕疵,很多时候我都觉得她疯了,但她说:"最好的年纪里,一定要留下最好的记忆。而朋友圈就是未来的回忆录,你忍心邋里邋遢的吗?那得对自己多不负责啊。"

她的这种思想,严重影响了我,以至于我下楼倒个垃圾,拿个快递,都要涂上好看的口红,把头发扎成好看的样子,否则就会觉得自己堕落了。

久而久之,我发现我的生活发生了巨大的改变。

当我不再熬夜,开始早起;当我饮食规律,开始锻炼;当我积极向上,不再抱怨;我的生活又重新爱上了我。

然后我就发现,其实生活就像一场舞台剧,前期投入的精力越多,后面的演出就会越精彩。所以我相信一切都会好起来,请一定不要放弃热爱。

5

卡萨诺瓦说:"人的一生,幸福与否,走运与否,都只能享有一次。谁不热爱生活,谁就不配享有生活。"

即使有时,生活像一个任性的孩子,或晴空万里,或乌云密布,但是你知道的,苍穹之下无数人,又何止你一人不幸?

每个人都有自己的难题,每个人都有不同的心结和人生的答案，没有谁一生艳阳高照，也没有谁一生都是乌云密布。

所以，不必仰望别人，自己亦是风景。别去抱怨自己的一事无成，不要因为羡慕别人的幸福，而忘记过好自己的人生。

因为你知道的，这么优秀的你，一定配得上更好的生活，请一定要继续加油。

真正高贵的灵魂，是自己尊敬自己

1

你有没有压力特别大，大到分分钟想原地爆炸的时候？答案应该是肯定的。

这年头，谁要没点压力就不能算是正常人好吗？毕竟成年人的世界里，从来都没有"容易"二字。

那一般情况下，你都会如何排遣？

当朋友问我这句话的时候，有一瞬间我的大脑是空白的，我真不知道该怎么回答。

听歌？跑步？睡觉？仔细想想，好像都不是。我压力大的时候，好像什么都做不了，只能发呆，两眼无神宛如一个生无可恋的智障。

而且更可怕的是，我好像还挺享受着这种肆无忌惮的无助感，那感觉就像在漫无边际的黑暗里遨游，且乐得其中。

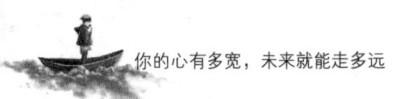

大概这就是传说中的自虐症吧。

最近读武志红老师的《感谢不完美的自己》，才真正懂得这种并不是自虐，而是潜意识里跟自己的一种和解。

无论是好情绪，还是坏情绪，都是我们生命中必不可少的一部分。好情绪应该保持，而坏情绪也不能一味反抗。

因为只有在坏情绪里，我们才能更直接地看出问题，以及自身需要改进和完善的动机。换句话说，坏情绪其实是我们自身发出的一种信号。

而我们要做的不是逃避和反抗，应该静下心来，给自己一个独立思考的空间，试着和坏情绪和解。

然后渐渐地，我们就会发现，一旦我们主动接受它，它就会带给我们无限的可能性，它是我们的朋友，不是敌人。

于是我想，和它握手言和，就是给自己一个重生的机会。人首先应该是自己的朋友，一个不知道和自己相处的人，又怎么融入社会呢？

2

说到和自己相处，就不得不说一下我的闺密阿茹了。她大概是我见过的最会跟自己做朋友的人。

我们常说，好看的皮囊千篇一律，有趣的灵魂万里挑一。

她属于后者,她不漂亮,还有点微胖,但外在形象丝毫不影响她自身发出的光。

真的,那种感觉不知道该如何表达,总之只要看到她,我就会浑身充满力量,我把她自带的这种磁场,叫作感染力。

她的生活很丰富,工作业绩突出,简直就是游戏中一个开挂的人民币玩家。她知道自己想要的是什么,从来都不见她说过什么丧气的话。每每与她谈心,我都会觉得自身精进很多。

她常常跟我说,一个人一旦懂得发自内心地尊敬自己,就会进行自我约束,且会格外自律。一个对自己有要求的人必然懂得什么样的事情应该做,以及怎么做会更好。

她不会放任自己做有损于原则、尊严、底线、道德的事情,因为她知道,这样是对自己的不尊敬。

而一个连自己都不尊敬的人,是无法设身处地为他人考虑,去尊敬他人的,而且也不能很好地在社会立足,抑或受人尊敬。

3

人生就是一场修行。我们从出生到老去,会遇见很多不同的人,不同的风景,以及不同的自己。

而这些自己之所以会不同,是因为我们在前行时,一路不断提升、改变、成长,日益精进。也只有有了这些积淀,我们

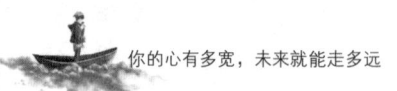

才能在某一个时间段，和更美的那个自己不期而遇。

没有谁是完美的，所以我从来不会说最美的自己。但是我们却可以一直走在追求完美的路上，遇见更美。且这种美，没有极限。

那如何理解并接受每一个时期不完美的自己？在我看来，应该分为三个部分：

第一，有效的自我暗示。

自我暗示是一种自己和自己的零距离对话。撇开所有的主观情绪，做自己最贴心的朋友。

有效的暗示，要求我们想尽一切办法说服内在矛盾的、固执的、冲动的自己，也可称为情绪的自我掌控。

第二，暖心的自我激励。

自我激励就是在心里默默地给自己加油打气，自己"内在的小孩"也只有收到这种鼓励，才会更快地成为更好的自己。

每个人的内心都或多或少地孩子气，偶尔静下来，夸夸自己，和所有不好的情绪、消极的思想握手言和。

第三，适当的自我肯定。

为什么说是适当，因为自我肯定必须要掌控一个度，一旦越界便会变成自大和自负。

适当的自我肯定，会有效地帮助我们提升自信心，从而更

第四章
你明明配得上更好的生活

爱自己，更有动力去披荆斩棘。

和自己做朋友，不只是自我和解和完善的过程，更是实现完整人格的必经途径。

而人也只有首先处理好自己和自己的关系，才能以一个完整的个体去生活，去追求，去自我完善。一个整日和自己过不去、怨气冲天的人，是没有办法去爱生活以及爱别人的。

就像蒙田说的那样，自爱者方能为人所爱。

因为自爱的人，懂得如何尊敬自己。而一个懂得尊敬自己的人，必然自律和自我约束，且有很强的荣誉感、自豪感以及自尊心。

这样的灵魂，才是真正的高贵。

如果有来生，我愿做你的手机

1

"世界上最遥远的距离，是我在你身边你却不知道我爱你？我觉得不是，最遥远的距离应该是我在对你眉目传情，而你却目中无人地玩着手机。"

我看到这段话的时候，是晚上十一点，闺密小溪满腔不满，还说这样的日子，真的没法过了。

都说爱情最终会随着时间慢慢冷却，两个人也会由当初的怦然心动变成后来的左手握右手，但哪怕真的会归于平淡，那在平淡之前，是不是也应该热烈一下？

但是并没有，她跟她男朋友在一起不过半年而已，就已经冷却到如今这样了。不知道从什么时候开始，由最初的情话绵绵变成如今这般我看着你，你看着手机，最后，我们都看着手机。

手机才是我们之间最大的情敌，而我们都对这个情敌无能为力,哪怕被它绑架,也甘之如饴。

那么究竟是我们的问题,还是手机的问题?

2

我有位读者,曾经就是因为手机跟男朋友分了手。确切地说,是因为她夺走了男朋友正在玩手游的手机,然后男朋友情急之下,动手打了她。

那天是他们在一起三周年的纪念日,她特地跟公司请了假,提前一天来到男朋友所在的城市,把自己打扮得美美的,来到提前预定的西餐厅,准备制造一个难忘的二人世界。为了这个纪念日,她不止亲手做了一个很精致的小蛋糕,还花了自己大半个月的工资,精心为男朋友准备了礼物。

可没想到,自己所有心血他都看不到,因为什么都不如他的游戏重要。

她在等餐的间隙,一直试图找话题跟他聊天,毕竟他们已经大半个月没见面了。但他始终低着头爱答不理,左应付一句,右应付一句,完全对她提不起任何兴趣。

眼看她的耐心被一点点磨完,忍无可忍的时候,她强压住内心的怒火,咬牙切齿地跟男朋友说:"你到底有没有在听我说话?手机重要还是我重要?"

半晌，没反应。

过了大概两分钟，对面那个抱着手机不放的人才抬头瞄了一眼，心不在焉地说："你刚刚说什么？再说一遍？没听清。"

她深吸了一口气，终于还是没忍住，怒气冲冲地站起来，一把把他的手机抢过来，大吼了一句："我刚刚说，手机重要还是我重要？要不我退出，你跟手机过？"

男朋友被她突然的大吼吓了一跳，反应过来之后，猛地推了她一下，把她推到了地下，说："你发什么神经？有病是不是？我这局马上就赢了，如果输了我跟你没完！"

说完上来就抢他的手机。

这下她彻底死心了，一怒之下把手机直接摔到了地下，屏幕碎了，黑屏。

她男朋友也彻底怒了，顺手甩了她一个耳光。

她直接被打蒙了，只觉得头晕目眩，脸上火辣辣的疼，直到摸到了嘴角的鲜血都不敢相信，之前那个说着一生一世只爱她一个人的男生，竟然为了游戏动手打了她。

在那一瞬间，她只觉得，自己特别像一个笑话。

她男朋友看到她嘴角流血了瞬间慌了，一个劲拉着她道歉，说自己在气头上，一时冲动才动了手，不是有心的，希望她原谅。

她什么都没说，淡定地整理好自己的头发，然后使出全身的力气，上去也打了男朋友一个耳光，然后心如死灰地说："这一耳光是你刚刚欠我的，现在我们两不相欠，我们之间，到此为止。"

然后，她男朋友就成了前男友。

无论他后来怎样道歉，怎样百般讨好，都没有动摇她要分手的决心。与其说他们是因为手机分开的，倒不如说是因为失去新鲜感之后，对对方一而再再而三的敷衍。

一个时刻把你放在心里的人，必然会格外珍惜跟你在一起的时光，又怎会因为玩手机而对你视而不见？爱情经得起平淡，但是却经不起敷衍，因为我怕的从来不是平淡，而是你的心里，不再有我了。

3

你发现了吗？现代人的交流方式已经完全变了，或者说，手机已经彻头彻尾地改变了我们的生活。

每个人都抱着手机，对它百般依赖，看似人与人之间的联系更紧密了，毕竟只要动动手指就能轻松地完成交流，或者直接发送语音和视频，但实际上，这种交流方式却使我们越来越远了。

这一点集中体现在我们面对面的时候，变得不会交谈；我

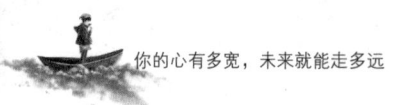

们联系紧密了,但是心却慢慢疏远。这种情况不止发生在情侣之间,还发生在我们和亲人之间。

说到这,我忽然想起在网上流传很广的一个段子。

说的是一位乡下的奶奶,她为了能见到孙子一面,特地在家里装了Wi-Fi,希望孙子有空的时候能来,于是近乎请求地跟孙子商量:"暑假的时候,来奶奶家玩好吗?奶奶家里装了Wi-Fi。"

不知道多少人跟我一样,看到这句话之后倍感心酸,难过得几乎掉下泪来。

回想这些年,我们有多少时间是真真正正地陪在家人身边,有多少难得一次的家庭聚餐最后都变成了我们看手机,而他们看着我们,这样不尴不尬地度过的。我们成了依赖手机的"低头族",而他们却在一天又一天的仰望里,眼睁睁地看着我们离他们越来越远,却什么都做不了。

不知道从什么时候开始,我们跟这个世界之间,加了很多层的滤镜。微信叮咚叮咚响个不停,通讯录里的好友一天天增多,可好朋友却越来越少,恍然之间,甚至发现,自己连一个说心里话的人都没有了。

好友满了,心却更孤独了。

身边的每一个人都抱着手机,大家似乎都不太在意身边的

第四章
你明明配得上更好的生活

人是开心还是难过,收藏的表情包越来越多,人却变得越来越没有表情。生活的重心,也日复一日地倾斜在虚幻的网络世界里。

因为玩手机,我们跟另一半吵架,吵到怀疑爱情,险些决裂;我们跟父母疏远,远到让他们寝食难安。手机关机了就好像被全世界抛弃了一样;没带充电宝就陷入心如死灰的绝望;忘了带手机,出个门手足无措连尴尬癌都要犯了。

与其说我们得了一种对手机过度依赖的病,倒不如承认,我们已经失去了跟这个真实的世界互动的能力,人人都戴着面具包装自己,用心地修图发朋友圈,让别人点赞刷足存在感,越是包装,越是沦为手机的奴隶。

因为我们在网络上假装生活的时候,那个真实的自己,已经被弄丢了。

4

生而为人,处理好各种关系,谈何容易。

自己跟自己的关系,跟亲人、朋友、恋人之间的关系,以及跟这个世界的关系。而维持这些关系,一旦不用心,对方便会立即感受得到,有时候只是不说,但并不代表不存在。

特别是爱情,在日复一日的柴米油盐里,原本的激情已经被平淡磨得面目全非,如果再去一而再再而三地伤害,那无异

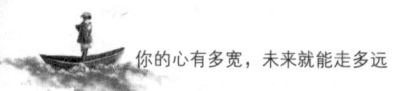

于是在熊熊大火里，浇了一桶油，迟早会两败俱伤。

试问，这是我们真正想要的吗？我们真心希望这段感情被烧成灰烬吗？

不是的。

只要你能不要一直抱着手机不放，不要总是没完没了地玩游戏，只要你能对我稍微上点心，多抽出时间偶尔抬头看看很久都没有正眼看过一眼的我。

毕竟女人想要的，自始至终也不过是你眼里有我、心里有我罢了。只要你能让我感觉到你的心脏肯为我跳动，眼神肯为我停留，肯跟我一起浪费时间做一些看似微不足道但却很有意义的事情，对我来说，哪怕是一个关切的眼神，都会觉得全世界都苏醒了。

所以，你别玩手机了，看看我吧。

没有陪伴,何谈家人

1

下午三点多,我妈在微信上发了一个视频给我。我当时在公司开会,就顺手挂断了,然后她又发了一个,挂断,又发……

循环反复了好多次,我不耐烦地回复她几个字,"咋了,我在开会……"

过了很久,她说:"没事,点错了。"

我扫了一眼,没有回复她。继续对着大屏幕上的PPT,边思考边做记录。

临近下班的时候,我下意识拿起手机翻朋友圈,赫然看到我妈点的一大堆赞,如果不是这些赞我甚至完全将她抛在了脑后。

那些赞,甚至可以追溯到两年前。然后我脑海里,立即浮现出那个只有小学文化的母亲,笨拙地翻我朋友圈的画面……

我再也忍不住，眼睛当场就湿了。

有多少说不出口的关怀，最终都变成了朋友圈里不经意地点赞？

这句话几乎是在一瞬间在我脑海里一闪而过，然后我猛然意识到，原来自己已经很久、很久都没有往家里打过电话了。

强忍住泪湿的双眼，拨通了手机里那串熟悉的电话号码。

然后轻快地说："妈，你在干吗，这会儿不忙了？是不是想我了，我当时在开会……"

明显感觉到她的局促，说话吞吞吐吐，就像一个犯了错误的孩子。

她说："没事啊，我当时只是想试一试家里的网络，不小心点错了，没有耽误你上班吧，别怪我啊。"

然后我的心就像堵了一块石头一样，说不出一句话。

我在想，为人子女的我们到底对父母做了什么？导致他们连打个电话都要考虑是不是对我们造成了打扰？是我们越长大，表达爱的能力就变得越薄弱吗？还是传统的中国式教育，掩埋了我们深藏心底的感情？

记忆中的自己，好像从来不曾对父母说过一句肉麻的我爱你，从来没有注重过仪式感，没有在逢年过节时正式送过礼物，没有明确表示过想念和关怀。

父母对于我们也一样如此，电话里永远都是那几句：吃好了吗？穿暖了吗？工作别太累啊，早点睡吧……

你看，我们与父母之间的感情，竟然可以变得如此腼腆。直白地表达出我们的爱与想念，今日竟变得这么困难。那是不是非要等到那些不好意思说出口的挂念，变成冷冰冰的点赞，我们才能意识到对于他们的亏欠？

2

有时候觉得，我们这一生就是由无数个玩笑构成的。命运总是很喜欢捉弄人，不厌其烦地开着一个又一个玩笑。

说完这句话，朋友露露掐断了手里的烟，呆呆地望着远处的地平线。黄昏将我们的影子拉得特别长，忧伤也一样。

彼时幼儿园的孩子放学，一群群嬉闹着从身边走过，天边夕阳西下，远处鸟儿飞。这一切看上去那么和谐，如果没有接到哥哥的电话，那她就是这世界上最幸福的孩子。

是啊，前段时间她还将网上那段话复制给我，说我们都要好好活，不要因为一点小事就闹情绪，其实就是身在福中不知福。

我也复制下来了，那段话是这么说的：

"其实这是你最好的年纪，身体健康，亲人安在，现世安稳，有爱你的人和你爱的人，可惜你意识不到，因为一点小事，

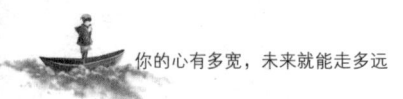

心情就一团糟。"

但现在不是了,哥哥在电话里告诉她:"妈妈的眼睛越来越不好了,看东西开始模糊,一天比一天严重。特别害怕你会担心,就一直没敢告诉你。

"但是妈妈很想你,这些天在医院一直捧着手机,看你朋友圈里的自拍。但医生不让她看手机,她就苦苦哀求着说:'她害怕以后就看不到了,就再让她看一次吧……'"

此时此刻,我几乎哭着打完这些字,脑海里一直浮现露露妈妈捧着手机看她自拍的情景。

露露说:"这二十多年以来,从来没有哪一刻,她是如此的恨自己,恨自己那么轻易地就相信了妈妈的谎言,相信了她每次说的'妈妈没事'都是真的,相信了她拙劣的演技和苦心隐藏的真心。"

承认吧,其实自己并没有像所说的那样忙,只是逛街、看电影、跟朋友聚会花的时间太多,而能分给家人的太少罢了。我们最容易忽略的往往都是身边的人,我们对一个陌生人尚且可以巧笑倩兮,对家人却不愿随口说一句暖心的话,说一句:"妈妈,你辛苦了。"

3

记得前两天我收到了一笔稿费,匆忙往家里打了个电话,说:"妈,我发稿费了,刚刚打钱到你卡上了,记得收一下啊。"

她在那边轻轻地叹了一口气说:"妈不要钱,你记得不忙的时候多回家看看。"

我随声应和着,匆忙挂了电话,又开始了我漫长的写稿生涯。之后我还兴冲冲地跟朋友说:"我觉得往家里打钱是件特别容易上瘾的事,只要不断地往家里打钱,就会觉得特别心安。"

如今想来真是说不出的讽刺,真恨不得给自己两个大嘴巴子。原来我们从来都不懂父母真正想要的是什么。是我们有很多钱吗?是我们能隔三岔五往家里打很多钱吗?

不,从来都不是。他们想要的,不过是我们多陪他们说说话,没事多回家看看,仅此而已。只要我们过得好,风吹不着雨淋不着,于他们来说,已是最大的心安了。

可是我们呢,大言不惭地说着各种梦想,以各种理由和借口离开家乡,离开父母。哪怕逢年过节甚至都抽不出时间回去看看。

如今的时代节奏那么快,我们也不得不快起来。可是我们忘记了,我们父母老去的速度,也一样的快。

我们总是说,希望自己成长的速度,能赶得上父母老去的

速度。

但成长不是一蹴而就的,需要时间的积累。而我们的父母,也正是在时间的作用下,一点点地老去。

说什么失去以后才懂得珍惜,都是骗人的。有些东西,我们根本就失去不起。我们必须在拥有的时候就倍加珍惜,在自己最好的年华里,给他们最好的爱和陪伴。

即使他们从来都不在意我们是不是有很大的出息,是不是有很多钱,有很多牛气的资产和人脉。

但为人子女,即使此生平凡也想在自己的父母有生之年,能完成心中所愿,在世上的每一天都活得幸福圆满。

所以,你可以一腔孤勇往前闯,不管前路有多少艰难险阻,荆棘遍布。但同时也要适时回首,看看孤灯下为我们守望的亲人。

如果说我们是披荆斩棘的勇士,那么他们,就是一言不发的掌灯人。

他们不会说很多好听的话,但是却可以十几年如一日护我们前行。哪怕存在感微乎其微,但是发出的光,却可以光芒万丈。

他们是我们的父母、亲人、许久不联系的好朋友,还有可能是默默爱着我们的那个腼腆的男孩……

他们不说话,但是他们的爱与关怀,犹如初升的太阳一样强大。

那么尽管往前冲吧,即使飞得不高也不远,但只要转身,就可以遇见温暖。

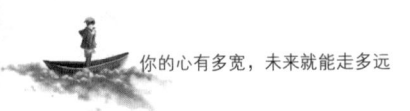

不要和嚼人舌根的人做朋友

1

中午午休前看新闻,我被一则标题惊到了:

"女子在朋友圈晒吵架截图被起诉,法院判处道歉三天并且赔偿精神损失费 5000 元。"

你能相信这样的一则令人大跌眼镜的事,是一个三十几岁的成年女性做的吗?

新闻的两位当事人小 A 和小 B 原本是一对好朋友,某天两人约着一起喝酒,无意说到另一个好友小 C,然后小 B 随口说了句,跟她性格不是很合得来。

没想到,小 A 竟然添油加醋地把这句话告诉了小 C。小 B 不能忍,就去质问小 A,然后两人发生了争执,掀起了一场口水大战,事后小 B 被小 A 拉黑。

这还不算完,小 A 还直接将两人的聊天记录截图发了朋友圈,并且配了张小B的照片。

眼看事情越闹越大,不仅共同好友知道了,连小B的父母都知道了。小B一气之下将小A告上了法庭。

最终法院判决,小A写道歉函在朋友圈道歉三天,并且赔偿精神损失费5000元。

2

这则新闻着实令人哭笑不得,两个三十几岁的成年人到底有多闲才能闹成这样?

且不说这件事所带来的恶劣后果,就只是将聊天截图发到朋友圈这个行为,就足以说明小A的人品欠佳。

首先,作为朋友,她不仅辜负了小B对她的信任,并且在小B找其对质的时候不惜撕破脸破口大骂,这是素质低下。

其次,作为一个人,她侵害别人的名誉,并且丝毫不考虑负面影响,不仅自私还毫无下限地伤害别人,这是做人的失败。

这种朋友留在身边,无异于一颗定时炸弹。就算今天不爆,明天或者以后的某天也一定会爆。因为你永远不知道,你哪天随口一句话,就点燃了她隐藏的火药。

每一个在背后嚼舌根的人,看似出卖的是别人,其实真正出卖的都是她自己。

因为从他说别人坏话的那一刻起,他的素质和人品就已经被挂在悬崖边上,早晚有一天,会失足跌入谷底。

3

社会是一个大的集体,里面修行的是形形色色的人。因为我们不同,所以我们必须要包容。

这就需要我们有一个宽阔的胸怀,去包容不同的意见和分歧,包容不同的存在。但在我们身边,偏偏有这样一群心胸狭隘之人,为了过足嘴瘾完全肆无忌惮,丝毫不顾别人感受。

我们无法改变这些人,毕竟每个人都有其做人的主张,但我们可以改变自己,找到一种两全的方法,寻求之间的平衡。

说到这我不由想起我高中时的一位班长,他是一个活得相当通透并且令人无比信服的人,特别是步入社会以后,这种优势发挥得更加明显。

记得在一次同学聚会上,大家正相谈甚欢,忽然有一个女生笑嘻嘻地说:"你们知道F为什么不来参加吗?因为她啊,去年做小三被人家原配打了,这事闹得沸沸扬扬,多半也没脸见人了,哈哈哈……"

一边说一边笑得花枝乱颤,我忽然觉得她精致的妆容下面,掩藏着一张格外丑陋的嘴脸。F的事大家多少都有些耳闻,当时的帖子还发在了校园网上。但在这样的场合去挖苦别人，未免有些不合适。

气氛一度陷入了尴尬，这时候班长举杯站起来，笑着对她说："刚刚我还跟几个同学说你最近气色真好，人越来越美了，看来挺有时间去保养，最近一定不太忙，真羡慕。来，敬你一杯，祝你越来越漂亮！"

她瞬间明白了班长的话中话，立马不作声了，讪讪地笑了笑，举起了手里的酒杯，一饮而尽。

气氛回归当初，我不由在心里默默给班长点个赞，对他的敬意又加一分。

4

在我们日常的工作和生活中，像我们班长这样的人还有很多。他们的存在就像是调和剂一样，总能让干枯的日子变得有趣。

这样的高情商，其实就是一种内在的修养。他不会直接指出别人的不足，给足其作为成年人最在意的面子，同时用一种他能接受的舒服的方式，利落地给他一巴掌。

我们经常会说，人这一生，其实就是一场修行。我们修的不只是自己和做人的道理，更是与人相处的细枝末节。

一个对自己有要求的人，不会将一时的嘴瘾建立在伤害别

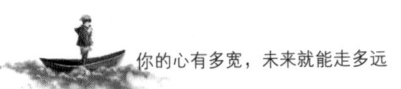

人的基础上，更不会以一个负能量的形象，潜伏在朋友圈里，伤人伤己。

各人自扫门前雪，休管他人瓦上霜。希望你在过好自己日子的同时，不将别人的私事当作谈资。这不仅是做人基本的修养，更是与人相处最基本的尊重。

当我们热爱世界时，才真的活在世界上

1

我读小学之前一直住在外婆家，童年的片段随着年龄的增长逐渐模糊，但是邻居家那位坐轮椅的孤身老人，却一直印在我的心里。

听外婆说，老人是从外地搬来的，年轻的时候当过兵，后来受了重伤，瘫痪了，便一直与轮椅为伴。终身没有成家立室，也没有什么亲人。

对于那时的我来说，老人就是一个怪人，我很怕他，但是越怕就越喜欢捉弄他。因为坐着轮椅，他家的门锁特别矮，5岁的我一伸手就能碰到，于是我常常趁他不注意，把他的锁拿走，然后大笑着对他说："你来抓我啊，抓不到，抓不到……"

他自然追不上我，也不跟我计较，总是一副笑眯眯的样子，一来二去我就泄气了，渐渐地，也就不再怕他了。

冬天到来，白雪皑皑，他总是早早起床，艰难地拨动轮椅，清出一条路来。吃过早餐，他就在院子里一边看书，一边晒太阳。他的院子里，有一个葡萄架，夏天来时，开满黄色的小花，连街上都是芳香的。

葡萄成熟时，他就请邻里来摘，看着大家其乐融融的样子，他别提多开心了。

外婆跟我说，他这个人啊，一辈子都是富裕的。

那时候我不懂，就仰着脸傻问："他家里是不是有很多很多钱？"

外婆摇摇头，笑着说："不，是精神很富裕，跟钱无关，等你长大了就会懂了。"

她摸着我的头意味深长地说，我没有再问下去，因为我不关心。我关心的是，这个老人越来越好玩了，我甚至开始喜欢他了。

2

外婆家附近有个铁道，每当火车鸣叫的时候，我们一群小孩就叽叽喳喳地冲上轨道，远远地看到火车要开过来了，再大笑着跑开，这样很危险，但是却很好玩。

好玩的除了跟火车赛跑以外，还有老人发了疯的大喊。他喜欢在桥下的河边钓鱼,看到我们这样调皮总是很着急,大喊道:"快躲开,你们这群疯孩子,这样多危险,躲开啊……"

他一着急就脸红脖子粗的,越着急我们就笑得越大声。

我们笑的时候,他也笑。我不知道他的年龄,但是在我看来,笑着的灵魂,都将永远年轻。

那是1999年的夏天,夏天过完,我便离开了,去上小学,后来,转学去了外地,再后来,我长大了。

关于那个老人的消息越来越少,记忆也越来越模糊,但是他的笑容却从不曾消散,于我来说,那是记事以来,第一个真正意义上的人生启迪。

那时候的我虽不懂孤独,不懂人生实苦,但他孤身一人笑看人生百态的模样,就是我最好的教科书。以至于很多年以后,我都无法想象,一个人,一辈子,是怎样的一种豁达。

他不抱怨,也从来不发火,即使日子百般枯燥,他也能过出一朵花的模样。"梦里不知身是客",人生有几何?即使我们活到一百岁,也不过三万多天的时间。人来世上一遭,是为了体验生活,感受做人的愉悦。

精致的人生究竟是怎样的?在我看来,不过是慈悲处世,智慧做事,享受人生而不沉湎,看透人生而不消极。

3

书上说，当人的青春期一过，就会出现像秋天一样优美而成熟的时期，生命的果实，就会像熟稻子似的，在美丽平静的气氛中等待收获。

但在此之前，可能要历经一段漫长的时光，汲取营养，扎根向上，历经无数风霜雨露，想过放弃和逃避，却从未停止热爱和坚持。

初到广州，是 2013 年的夏天。夏天结束，我整个高中生涯也宣告结束，当时我一个人拖着大大的行李箱，离开生养我的小城，独自面对生活。

天渐渐地暗下来，下起雨，我手机也没电关了机，走在陌生的街头，无助到想哭。

走了很久很久，直到一辆面包车停在我的身边，我告诉他学校的位置，他说还有很远，不过可以送我过去。

当时我很怕，但是没有办法。又冷又饿，心一横就上去了，我控制住自己不去想坏结果，只盼望我是幸运的那一个。

那是我第一次相信"心诚则灵"，那个大叔是我的老乡，他不是专业跑出租的，不过是看我一个人拉着行李，想送我一程而已，我被感动到热泪盈眶，第一次切身感受到这座城市的温度。

人的内心真的是脆弱又敏感，前一秒还对眼前的一切充满敌意，下一秒就敞开心扉来一个大的拥抱。哪怕只是陌生人的一个微笑，也使人足够相信，人生虽苦，但只要心中有爱，无论多贫瘠的土地，都能春暖花开。

4

后来，我在这座城市生活了很多年，不是处处都称心如意，但是处处都充满感激。

大学毕业以后，我步入工作岗位，日子依旧不全是我喜欢的日子，但是我却随时可以做一个喜欢的自己，因为我知道，好的生活，不是没有悲伤，而是能在悲伤时，依旧起舞。

我常常在想，这个世界究竟是怎样的，人与人之间又存在着怎样的联系。我不能伴你一生，却能一生被你影响；我与你素昧平生，却能感受到你的善意和帮助；我是独立的个体，却能感受到相同的灵魂并且惺惺相惜。

那么这个世界应该是一个集体，我们作为个体与之相处，没有人可以独立出来，所以要热爱这个集体。

宫崎骏在《千与千寻》里说，人生就是一场开往坟墓的单程列车，路途上会有很多站，很难有人可以自始至终地陪着走完，当陪你的人下车时，即使不舍也该心存感激，然后微笑着挥手告别。

  人生正是由这样一段又一段的告别组成的，告别稚嫩的自己，告别难忘的过去，告别家人，也告别自己。然后在偌大的世界里四处碰壁，直到某一天，碰到了自己。

  而在碰壁的过程中，我双手合十，虔心祈祷：愿今朝只探好山好水好风景，今生只求每日每时好心情。

生命来来往往，来日并不方长

1

我的书架上面有一个特别大的泰迪熊公仔，那是初二那年一个很要好的朋友送的生日礼物。

前些日子搬家，我发现泰迪熊的毛衣都发霉了，我妈问我："要不丢掉吧？很多年了呢。"

我瞬间有种恍如隔世的感觉，是啊，从初二到现在差不多十年了。

十年光景，可以让一棵新种下的小树长得郁郁葱葱，可以让一个不谙世事的小女孩变成特立独行的大人，更可以让曾经说着要并肩一辈子的好朋友，变得各自天涯。

时间可以改变很多东西，而我们在时间面前总是显得那么无能为力。想到这我不禁打了一个寒噤，想起那句"生命来来往往，来日并不方长"。

2

不知道你们发现了没,我们在日常的工作或者生活中,最常说的一句话就是:"改天请你吃饭……"

可是"改天"是哪天呢?从来都没有人去问,也没有人去在意。因为大抵都清楚"改天"不过是对方的一句客套话而已,它并不属于明天中的任何一天。

正因如此,我每每听到这句话总会莫名恐慌,感觉这句话就是无疾而终的代名词。"改天"不知道是哪天,就好像我们无法确定,眼前的这个人会在未来的哪一天,忽然消失不见。

所以我们一路走来,会听到很多大道理,告诉我们要学会珍惜。但道理是苍白的,它永远只提供世界观而无关方法论。如何去珍惜呢?没人知道答案。

我们能做的,只是过好当下的每一分每一秒。但这些是远远不够的,在时间面前,没有人可以避免遗憾。

3

朋友曾经讲过这样一个故事,我至今记忆犹新。

他刚毕业初入社会的那几年,忙得像一只无头苍蝇一样,一个人在大城市打拼,故乡成了夜晚最遥远的那盏孤灯。

他努力,上进,肯吃苦,很快就立住了脚跟。于是变得越来越忙,不回家的理由越来越多,有时候甚至连打个电话都变得特别奢侈。

接到妈妈电话的时候,他正在外地出差。妈妈说:"外婆没有了。"

他不记得当时是怎么撑下来的,只觉得整个世界都安静了。这才忽然想起,前些天往家打电话,外婆说特别想见他。

但他当时在跟一个很重要的项目,这个项目如果拿下他可以直接坐到经理的位置。于是他就说,再等等吧,再等等好吗,等忙完这段时间,一定回家。

他忙忘了"这段时间",但是外婆却没能等到他忙完。这件事,成了他一生的遗憾。

4

小时候语文课上我们会乖乖背诵:"明日复明日,明日何其多",背是背下了,但是却没有真的烙刻在心里。

今天天气不好,我明天再去见你吧;今天心情不好,这件事明天再做吧;最近身体不舒服了,但还能多撑会儿,明天再去看医生吧;最近有点忙,我过段时间再回家吧……

我们总是将希望寄托在明天,总是以为多的是时间让我们去等待,其实我们所拥有的,不过只是"今天"而已。

懂得珍惜，并不是与生俱来的能力。在长大的过程中，总有些猝不及防的变故让人扼腕叹息，有些没有完成的心愿也真的来不及完成了。

有些事情今天不做，以后也真的不会做了，即使再做，也不再是今天的意义。

5

时光是一辆不断往前走的列车，我们没有办法让泰迪熊一如当初，没有办法让外婆的生命停下，永不老去，也同样没有办法留住生命中要走的人。

我们能做的，就是在时光飞逝的缝隙中，用心播下一颗叫作"珍惜"的种子，见缝插针地去养育它，在如此快的节奏中，开出一朵"慢"的花。

将这朵花送给家人，送给朋友，送给自己。然后跟自己说，生命来来往往，来日并不方长。过好当天的这一刻，就是一种最了不起的能力。

有些爱或许来不及，有些人或许已然远去。趁我们还年轻，趁时光尚未老去，趁他还在，趁我们还有体力可以走很远的路，趁我们还有呼吸……去见自己相见的人，做自己想做的事吧。

你现在的手机号用多少年了

1

前段时间,我有一位很久没联系的高中同学,忽然要结婚了。而这一消息我竟然是从朋友圈知道的。

后来她发信息给我,说:"我想给你打电话来着,竟然没找到你的号码,你是不是又换号了?还好有你微信,不然岂不是要失联了?"

有那么一瞬间,我是恍惚的。

从高中毕业到现在,我们已经有五六年没联系了吧,这期间我只换过一次号码,她存着的应该是我六年前的了。

原来,时间竟可以残忍到让人忘了时间。那么多年过去了,竟然还像停留在昨天一样。那时候的我们,一般都不会换号码。

后来,考研的考研,工作的参加工作,结婚的结婚。辗转了几个城市,身边的人换了一拨又一拨,然后,我们变得连自

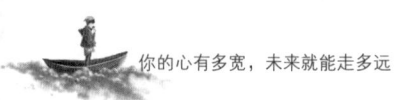

己都不认识了。

但电话号码，我从河南来到广州之后，始终都只有一个。

大概我骨子里是一个固执又长情的人吧，总是担心自己曾经的朋友，有一天会找不到我。即使时间告诉我，我想多了，我也依然相信真正的朋友是牢靠而长久的。而那些注定要成为过客的，无论你换不换号码，他都永远不会拨打。

所以我想，电话号码其实就是一个过滤器，让重要的人越来越重要，让不重要的人，慢慢消失。而那些你换过的号码，就是你曾经的某段人生历程，人也好，物也罢，都封存在那一串你熟记于心的号码里。

2

这一点我朋友也深有感触。

她曾经有一段长达八年的恋爱，所谓七年之痒都熬过了，却没有熬过七年之后日趋平淡的岁月。

所有人都会以为他们会走进婚姻的殿堂，会有一个可爱的孩子，会携手走过或激荡或平静的一生，但如果事情只会往我们所希望的方向发展，这世界又怎会有遗憾和悲剧呢？

他们决裂并不是因为大的变数，而是不痛不痒的平淡，将最初的激情磨得消失殆尽。两个人熟悉到没有任何心动的感觉了,与其说是恋人,倒不如说是亲人。

后来,男生说,我跟她睡觉,甚至会怀疑我在乱伦。女生的感觉也一样。

我可以接受爱情最终都会变成亲情的事实,但接受不了爱情以亲情的形式突然消失。

所以他们分得很平静,就好像是在说,今晚吃什么啊。没有哭闹,没有大吵,只是拉上行李箱,说一声,我走了。直到把门关上,对方都没有放下玩游戏的手,有一丝挽留。

八年的时间,关于对方的记忆已经深到了骨髓里。

曾经记得的他的电话号码、银行卡密码、游戏登录密码、微信号、QQ号以及所有的联系方式,没有要刻意忘记,但确确实实,在许多年过去以后,再没有想起过一次。

现在她已经结婚了,孩子刚满两岁,再提及曾经的那个人,既陌生又熟悉。

时间可以让曾经以为很重要的一切,都变得黯然失色,而我们也可以将所有以为会永远刻在心里的记忆,都变得七零八落,甚至都不屑于拾起。

那换不换手机号码又有什么关系呢?

该忘记的无论如何都会忘记,不该忘记的无论多少年过去都一样会想起。毕竟我们记住的不是号码,而是人。

3

我曾经在网上看到过这样一个话题,问:你现在的手机号用了多少年了?

大多数人都用了五年以上,其中有一个人,竟然可以长达二十年都没有换过电话号码。

或许是在等一个永远不会打的电话,或许是怕身边的人有一天会找不到他。无论是何种原因,电话号码都见证了他这些年经历的悲欢离合。

手机号码就是你的关系网,你遇见过的人,经历过的事,走过的漫长岁月,都一一列在那串数字里。通过这个号码,人们可以找到你,你也可以通过它跟全世界建立联系。

但时间总会告诉你,不是所有人都有必要联系。

记得年轻的时候,我暗恋一个男生,便将他的手机号牢牢地背下来,记在心里,但是却始终都没有勇气打过去,跟他说一声,我喜欢你。哪怕是一条短信,都没敢发过。

后来毕业了,工作了,就再也没有联系了。

当初记忆里那个被记得滚瓜烂熟的号码,也渐渐地消逝褪色,但是那个人,却一直都在心里,怎么都抹不去。

或许他早就换号码了吧,但换不换又有什么关系呢?毕竟他连身边的人都换了好几拨了,而这些人里,从来都没有你,

第四章
你明明配得上更好的生活

也不可能有你。

因为这个从来无关于电话号码本身,而只关于人。

你想记住的,即使远隔天南海北,都不会忘。你不想记住的,即使曾经熟稔于心张口就来,也会随着时间淡漠。

所以,该忘就忘记吧,人总是要往前走的,抱着回忆的温度过日子,只会使心越来越冷。

手机号想换就换吧,相比于全世界,我更在意你,无论换或不换,你都在我心里,例如家人、爱人、知己,等等。

你现在的手机号用了多少年了,为什么不换呢?有没有一个手机号,是你深埋心底的一个故事?

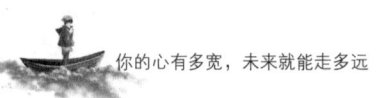
你的心有多宽,未来就能走多远

不再联系成了我们最后的默契

1

无意间刷新微信,我看到高中群一位老同学发的链接,才知道原来他进了某知名电视台,成了当家花旦。

其实说老同学倒显得生疏了,确切来说,她是我曾经亲密无间的同桌。那时候别人都在听课,我们在下面偷偷摸摸地聊天,谈人生,谈梦想,谈未来。

记得有一年冬天,上晚自习,我感冒了,烧得很严重,一直趴在桌子上睡觉。她冒着大雪跑下去帮我买药。

后来,大家高中毕业了,就分开了。后来的日子变得很长很长,而我们也渐渐地,变得很远很远。

记忆拉回到现在,万般感触潮水般涌来。忍不住点开与她的对话框,发信息过去,却出现了一个红色的感叹号,对方已开启好友验证……

第四章
你明明配得上更好的生活

原来，你一直在我的心里，栩栩如生；而我却躺在你的黑名单里，尸骨无存。

时间改变了我们运行的轨迹，我们也终究输给了时间的残忍。那么是时间的错，还是我们的错？

不过这些都不重要了，重要的是我们曾携手前行过，只是后来遇到了一个路口，我们背道而驰，不再联系，但依然祝福你。

2

前段时间，有位读者跟我讲过一个故事。

暂且称她为小唯吧，小唯曾经有过一段长达五年的感情，原本已经订好了婚期，却在某个晚上家门口的路灯下，看到他与另外一个女生，当街拥吻。

即便如此，分手还是对方提出的，在微信上。

一个人的突然抽离，就像是正常呼吸的人忽然没了空气。她没有再去打扰，只是静静地待在他的朋友圈里，像一个陌生的过路人。

她每天翻他的朋友圈，寻找曾经遗失的温度，但是他的态度始终冷淡。

后来，微信有了新功能，朋友圈仅三天可见，那条横线像一条银河一样将他们隔断，就连怀念，都变成了不可能。

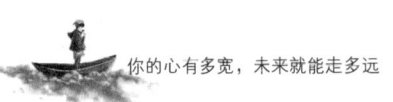

再后来,微信又推出了"批量管理不常联系的朋友"的功能,大家都在问,会将这一栏的人删除吗?她也问自己,会将他删除吗?

其实无论是曾经的朋友也好,恋人也罢,删不删除都没有关系,因为那个人在她的世界里,早已是一具尸体。她舍不得的只是跟那个人之间过去的点点滴滴,而并非那个人。

可是谁又曾真的甘愿停留在过去,等着你回头呢?

我们始终都要往前走,而走的时候也必须扔下一些东西才不至于负担过重,才能走得更轻松一些。我的同桌也是,我们走散了,才是正常的。世界那么大,无论彼此在哪个角落发芽,来年春天到来的时候,都会是最鲜艳的那朵花。

因为你勇于隔绝过去,并且不畏惧没有彼此的未来,不拖泥带水,拿得起放得下,这样的人,最爽快了。只是我们啊,我们这些容易多愁善感的被删除者,也是时候少一些没用的情绪,多一些勇敢潇洒的作为了。

3

但换个角度想一下,就又是另一番风景了。

我们从出生起,便已踏上一辆没有回程的列车,曾无数次地幻想远方的模样;曾无数次地幻想,未来最优秀的自己可以

第四章
你明明配得上更好的生活

站在最高的山峰上，俯视着世间万物。

一路往前，似乎不知疲倦。从不回首，但总觉意兴阑珊。

生活需要天马行空的冲动，但同时也需要沉静下来的细水长流。与其纠结于过去的种种，不如往前迈一步，开启生命中的无数种新的可能。谁知道告别了过往，会有多好的人正等在未来呢。

毕竟我们这一生，要遇见的人太多了，实在不必把每一个路过的人都请进生命里，这样对自己来说何尝不是一种委屈？

这些人，多数只是打个照面，迎面走来，我们或微笑或拥抱或亲切地交谈，之后，他便匆匆转身离开；有些人陪我们走了一程，我们格外感恩，但后来因为一些特殊的原因，最后却分道扬镳。

而有些人，不动声色地出现，就再也没有离开，这些人就是始终在我们身边的亲人、那个与我们携手白头的爱人以及为数不多的几位好朋友。他们跟前者最大的不同就是，不管何时来，一旦来了便再也不离开。

所以，你看，我们生命中的大多数人对我们来说，都像是路边随风摇曳的白杨。他们丰富了我们的人生，或给予抵挡风沙的依靠，或让我们停下歇脚纳凉，但最后都成了记忆里的风景。

可哪怕只是一个简单的擦肩而过，也已有了结不了的情缘。

郑秀文在《值得》里唱道："关于你好的坏的，都已经听说，愿意深陷的是我。没有确定的以后，没有谁祝福我，反而想要勇敢接受。"

是啊，我们曾经那么热烈地爱过，一起走过，就如飞蛾扑火，即使走散以后依然在意，但心里却也明白不可能再在一起。

有句话说，爱不过是流年里失控的运气，我不怨你因为一段感情辜负自己。如果你愿意，我们就一起努力；如果不愿意，我就祝福你。

我们要勇敢去爱，同时也要用力地去告别。

以后的日子里，天高地远，你会有诗，有梦，有坦荡的远方。你别再回头，我也不再将就，否则，我们都不酷了。

时间杀死了曾经的我们，不再联系是我们最后的默契。但是有什么关系呢，重生以后的我和你，在各自的世界里，岁月静好，各自为王。

第五章

别小看那个连买菜都涂口红的女人

别小看那个连买菜都涂口红的女人

1

世界上最让人绝望的瞬间大概就是,我怀孕期间,我老公跟我说,他遇到了他的真爱。

童童说这句话的时候,有种哀莫大于心死的凄然。

爱情是那么美的一个词,美到让人失去理智。但是这种美就像瓶里的鲜花,时间久了,营养跟不上了,也就枯萎了。

被一个男人宠上天,感觉全世界的温暖都聚集在了自己的身上。他给你所有的宠溺和体贴,在他眼里,你就是一个永远不必长大的小孩。

但是有一天,他把这些爱全部打包给了另一个女人。把对你做过的所有的事,在另一个人身上也做了一遍。于是你的世界崩塌了,与此同时,你也失去了独立行走的能力。

我想,后者才是童童绝望的根本原因吧。

孕期出轨有多少人能忍？而且童童才刚生下孩子没多久，皮肤暗黄，身材臃肿，一年多没有化过妆，涂过口红。看着镜子里邋遢的自己，她甚至想到了自杀。

爱情都是没有保质期的，爱情的敌人不只是外界的种种诱惑，还有三观、时间、新鲜感，等等。而永远不会过期的，就是男人对女人的尊重。尊重的前提，就是这个女人有独立的意识和能力，包括人格的独立和经济的独立。

而她十月怀胎的这段时期，不曾认真地经营自己，只把自己当作一个妻子、一个母亲，可是她忘了，她还有一个角色，那就是她自己。

2

女人婚后的经济独立，是我一直都在强调的问题。

还记得热播剧《我的前半生》里的罗子君吗？虽然她的老公年薪百万，不愁吃穿，但却依旧没有安全感，特别是出轨小三凌玲以后，一度濒临崩溃。

爱情这个东西，很难会有保质期，不是说了会永远爱你，会一辈子养你，就永远不会出轨。很多事情是不能保证的，时间在走，人也在变，不知道在未来的哪一天，他就忽然变心了。

他把你宠坏了，然后又不要你了。他说会养你一辈子，你不用工作，但是却在你对他形成依赖以后，一掌把你推开。

而那个时候，你没有工作，没有独立生活的能力，在世界轰然崩塌的那一刻，该如何面对？

所以，女人无论任何时候都要有一份自己的工作，不一定非要挣很多钱，但至少这份工作可以给你想要的安全感，给你立足于世的底气，要知道，其实工作不只是工作，而是你的一份尊严。

我一直都觉得男人口中所谓的"我养你"就是世间最毒的情话，而女人一旦信了，那就是世界上最傻的人。

我们先来看一个在现实生活中发生的活生生的例子，情况跟童童有点类似，但却比童童更让人心寒，我们暂且把故事中的主人公称作小罗吧。

小罗婚前是做财务工作的，月收入在5000左右，她老公在一家贸易公司做部门经理，月收入是她的好几倍。她怀孕以后，老公就让她辞去了工作，在家专心养胎，还说女人只要会洗衣服做饭带孩子就可以了，不需要出去工作，家里也不指望那5000块钱生活。

她当时觉得老公有点直男癌，他所说的那种女人应该只存在在旧社会吧？但怀孕了确实不适合工作了，她体弱，或许老公是为她好呢，也就没多想。

可没想到，一旦没了收入来源，老公就像变了一个人一样。

家里的日常开销，都是老公一个人负责，她完全没有了财务自由，平常要买点什么都要跟他去要，总感觉自己像是在乞讨。特别是孩子出生以后，她就活得完全不像自己了，且不说化妆品什么的都没买过，哪怕是衣服都没有添过几件。

孩子3岁的时候，送进了幼儿园，她也准备出去工作，但她老公死活不肯，完全就是把她当保姆看待，还说她去工作了，家里的家务怎么办？

她们之间的矛盾升级，始于去年的圣诞节。

她当时想跟闺密出去逛街，买件衣服，冬天冷了，总得添件新的羽绒服吧。可是没想到，她老公连500元都不肯给，一直在强调，她现在不挣钱，还总是乱花，一点都不持家，再说了，一个整日在家不出门、只需要负责好家务和家人起居的家庭主妇，还买什么新衣服呢？

这下小罗彻底心寒了。

原来，她把他当老公，他却把她当成了保姆，而且还是免费的那种，这样丝毫不对等且没有一点温度的婚姻，苦苦死守的意义又在哪里？

她老公左一句"你现在不挣钱"，右一句"省着点花"，完全把她踩在了脚底下，殊不知，曾几何时，她也是一个独立

又美好的姑娘，只是为了他才委身下嫁，由一位明媚的姑娘变成如今这般的黯淡妇人。

现在眼前这个看不起自己的男人，还是当初那个说着"我养你"的少年吗？

3

或许是他并非良人，也或许生活过于现实和残酷。

总之，没有工作、没有经济来源的女人，永远都不可能有生活的主导权，张口向男人要钱时，那副可怜兮兮的乞讨模样，一点都不好看。

其实不只是她，结婚以后的女人大多如此。她们很容易将自己的生活的重心放在家庭和孩子身上，却唯独忘了自己。为什么说女人无论到何时，都要有一份自己的工作，至少能供得起自己的日常开销，不管钱多钱少，但至少花自己的钱，有尊严。

曾经有位读者留言说，自己就是这样。

她自己工作八年了，之前也是全职太太，吃穿不愁，什么都是老公给钱，给的时候也会顺口说，省着点花。后来孩子大了，她坚持去工作，不想一生都扮演家庭妇女的角色。

她说，刚开始那会儿，因为工作的原因，总也照顾不好家庭，老公总是三天两头地跟她吵架，甚至动过手，但这些阻力并不能阻止她想要工作的决心。她心里始终都只有一个信念,那就是要有自己的事业,只有经济独立了,才能活出自己,才不至于在年龄日长的时候,越来越没有立足于世的安全感。

如今八年过去了,她的收入翻了老公三倍,运气好的月份甚至不止三倍,家里所有的开销几乎都是她一个人承担。有时候她也会觉得自己太累太辛苦,但当自己可以随意支配自己赚来的钱的时候,就会觉得一切都值得,她庆幸自己当初的决定,给了她如今想要的一切。

并且,未来的自己还会继续努力,毕竟指望男人真的不如指望自己来得踏实。我努力工作,自己想要的生活,自己去打造,有个好男人不过是锦上添花,没有男人自己过得也不会差。

这才是一个女人婚后该有的态度。

现如今,我国的离婚率持续上升,不计其数的小夫妻败在了柴米油盐里。为什么有些人灰头土脸地走向决裂,而有些就能幸福美满、恩爱有加?我想这就是答案了。

如果说婚姻是一个花园,那总会有一个园丁,能培植出让世人都羡慕的花朵,那位读者是其中一个,我的直属上司欢姐也是一个。

你要相信,这个世界上真的有人在过着我们想要的生活,欢姐就是,她左手人间烟火,右手叱咤职场,哪怕去菜市场买菜,

都要化一个美美的妆，涂上好看的口红。

但是，就是这样的一个女人，曾经也闹过离婚。

发现老公有开房记录是在他出差期间。那段时间她没有工作，一心在家做贤妻良母。没有了工作就没有了收入，没有了收入也便失去了生活的主导权。

所以得知老公出轨，她的世界瞬间溃不成军。

但所幸她最后走出来了，当时公司因拓展业务而开了分公司，向她抛出了橄榄枝。她果断接受了，没有丝毫犹豫。重新步入职场的她，找回人生的主导权，人生就像开了挂一样。在短短的时间内，她重新变成了那个叱咤风云的女强人，也就是我们现在所看到的那样。

当她不再对婚姻患得患失，当她活得越来越是自己，那么在这段婚姻里担心失去的，就变成了另外一方。

4

不幸的婚姻各有各的不幸，但幸福且美满的婚姻却大致相同。

那就是夫妻之间的对等和平衡，我不依附你，你也无须迁就我，我们势均力敌，相互依赖却也彼此独立，在婚姻里，我是你妻子但更是自己，这个时候，只要有爱就够了。

第五章
别小看那个连买菜都涂口红的女人

所以，你看，如果你将所有的精力都投资在一个男人身上，那么爱情消失，你将两手空空了。可如果投资的对象是自己，那么你的一生，都将持续增值。

没有人值得我们忍辱负重地俯首称臣，如果有，那么那个人，一定得是自己。因为你只有亲手书写自己的人生的剧本，才能演出一场真情实感且无愧于自己的电影。也只有自己成为主角，才能最大限度地活出自己本该有的精彩。

如果有人硬要闯进来，也没有关系，尽管张开怀抱去欢迎，但是前提一定得是为了电影更精彩、更完整、更圆满，而不是抢走你所有风头，甚至篡改你原本的剧情。

女人不一定为悦己者而容，但一定要为自己而容。别低估自己，也别以为你是谁的包袱，实际上，谁得到你是谁的幸运。

所以，尽管精致吧，哪怕去菜市场买菜都不要忘记涂个口红。精致的人生，才是开挂的人生。

我爱你白发苍苍,依旧心如赤子

1

在很长的一段时间里,我都对我爸藏有恨意。

我觉得他一点儿都不爱我妈,我跟我妈说,如果我是你,我一辈子都不会嫁给我爸那种人。那么木讷,又不会表达,还总是喜欢喝酒,一喝酒就发酒疯。

也难怪他们看起来没有爱情,毕竟当初是相亲认识的,双方并没有过多了解,家长们觉得挺合适,这门亲事就算成了。

说到底,不过是搭伙过日子罢了。

我记得特别清楚,十几岁的时候,有一次,我问我妈:"你们结婚那么多年,我爸也没让你过上什么好日子,你不怪他吗?而且他一喝酒就打人,我要是你,我就离婚。"

我妈笑着说:"什么是好日子?一百个人有一百种看法,等你长大就会懂的,年轻的时候想要轰轰烈烈,等到了一定年龄,就会只求心安。"

如今我真的长大了,才知道我是错的。原来只有心定,才是爱情,心定的生活不需要花枝招展,不用看起来很好看,但一定是过起来很舒坦。

一个人的人生可以没有灿烂,但一定不能没有平凡,因为平凡才是生命中最本真的爱,这种爱,无须表达,却从未离开。

真正的爱也从来不止于皮囊,爱一个人,不只是因为她刚好长成你喜欢的样子,更应该是你爱上了跟她在一起时的那个自己,因为你找到了活着的意义。

如果有一天,她变丑了,变老了,也依然爱,依然无法被取代,至此,便是我所理解并且期待的爱情了。所以当一位读者跟我说,她因为身体原因忽然变胖而男朋友选择火速分手的时候,我跟她说了恭喜,不告别错的人,又怎么跟对的人相拥呢?

当时她问我:"胖子是不是不配拥有爱情?"

因为生了病,一直吃中药调理,身体开始水肿。身材发生变化以后她整个人自卑得不行,在一起将近三年的男友,一开始一直陪着她,说无论发生什么都不会离开,但是承诺也只是承诺罢了。

姑娘很明显能感受到他有意无意的疏远,直到她看到他跟另一个女生暧昧的聊天记录,才坐实了自己的猜测。

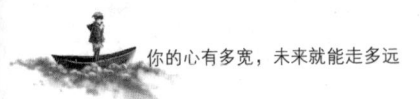

决定摊牌的那天,姑娘几近绝望,因为那个自己深爱了三年的男人很认真地跟她说,对不起,自己接受不了一个胖子。

如果放在以前年轻气盛的时候,我会特别生气,一方面心疼姑娘,为她感到不值,一方面因为男生亵渎了爱情,恨不得上去打他一顿。但现在不会了,现在我只觉得身材发生了变化,对于对方来说就是一个考验,如果他经不住,那分开是早晚的事。

变胖不过是他众多借口中的其中一个罢了,因为他对姑娘的爱在本质上只是出于外貌,或者是姑娘的存在满足了他的某种欲望,是一种变相的利用,无论是哪种,都不可能是爱情,既如此,分开是早晚的事。

真正的爱情,又怎么简单地止于皮相呢?爱情更多的应该是内心深处灵魂的相互碰撞。如果男生因为皮相而选择放弃,那么姑娘,恭喜你,你排除了一个错的人。

如果连外在的变化都经不住,又怎能指望能相伴一生,历经平凡呢?人总会变老,变丑,日子也会由最初的激情变成普通,两个不相近且不相亲的灵魂,是无法走下去的。

3

"人人都喜欢美的人和物,这本身没有错,但是如果用来衡量感情,那似乎有点亵渎爱情了。我爱你,不是因为你长了

第五章
别小看那个连买菜都涂口红的女人

一张好看的脸,你有一个我喜欢的身材,而是因为你是你,我爱上的是你这个人而已。"

这段话是我发小当初决定恋爱时,男朋友跟她说的。现在他们结婚了,有一个刚刚满周岁的宝宝。

这段话我一直记到现在,也感动到现在。毕竟在这个看脸的年代,这样纯粹的爱情看起来那么稀缺,那么值得被歌颂。

发小长得矮矮胖胖的,皮肤不仅有点黑还有一块红色的胎记,几乎铺满了整个左脸。整个青春期,她都笼罩在自卑的阴影下,始终走不出来,直到遇到了当时的男友,也就是现在老公。

她一度认为,她一辈子都不配拥有爱情,但是她老公让她相信,女人真正的美,又何止于皮相。

是啊,如果一个人爱你只是因为你的脸好看,你的身材好看,那么谁又能保证一辈子不长皱纹呢?谁能一辈子都前凸后翘大长腿水蛇腰?

不可能的,止于皮相的爱情永远只是昙花一现,不可能久远。脆弱得就像一张薄薄的纸,轻轻一碰,就破了。

记得爱尔兰诗人叶芝在《当你老了》里说:

"多少人爱慕你青春欢畅的时辰,爱慕你的假意或真心,只有一个人爱你那朝圣者的灵魂,爱你衰老了的脸上痛苦的皱纹。"

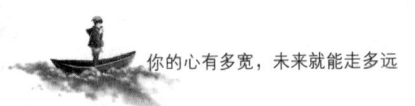

这大概就是我所理解的爱情最美的样子。

年轻的时候,我们爱慕青春欢畅,爱慕火辣的身材和漂亮的脸蛋,可是渐渐地就会懂得,真正的爱情从来不是彼此之间说很多好听的话,做很多令对方热泪盈眶的事,而是在细水长流的漫长时光里,将你深深地捧在手心里,并且深埋在心底。

不因你青春靓丽而寻美而来,更不因你容颜衰老而轻言抛弃,他爱的,是你跳动的心和独一无二的灵魂。

4

写到这里,我理所当然地想到了一对夫妻。

在我很小的时候,他们就住在我的隔壁,可能是因为上了年纪吧,总会三天两天地吵架,特别烦。

某天放学,我一门心思写作业,忽然被"哗啦"一声清脆的响声打乱思路,紧接着就是吵闹声和女人的哭声,我没忍住好奇,便凑了过去。

果不其然,还是那对夫妻,因为男人去买菜时跟大妈多聊了两句,女人便大发雷霆,非说他出轨了。

男人当然不承认,说她没事找事,于是就闹起来了。

我那时候并不是很懂,只是对那个男人有些心疼,毕竟女人的嗓门太大了,骂也骂不过她,只能任她欺负。

但我想多了,其实男人特别爱她,这一点是在女人去世以后,我才明白的。

她是突然走的,脑溢血。

走了以后,彻底安静了,左邻右舍都不习惯了。总觉得少了那抹热热闹闹的烟火味,日子变得像一潭死水。

他们的女儿嫁到了外省,在一家广告公司工作,期间来过很多次,想把他接走,但他死活不肯,就想守着两亩薄田,种种菜,养养花,图个清闲。

大家都说,这老头看着倔,其实比谁都深情,他守着那两亩田地,是因为那里,长眠着他的爱人。

他们或许一生都没有说爱,但是爱却从未真的离开,他用一生来证明,不是所有的爱都要摆在台面上,行动才是唯一的标准。

这一切从未与任何人诉说,但是漫长的时光记得。

5

还记得电影《北京遇上西雅图之不二情书》里的那对爷爷和奶奶吗?他们补办婚礼的一幕,赚足了我的眼泪。

头发花白、满脸皱纹的一对老人,没有很美的婚纱,没有音乐,没有亲朋好友的见证,但是就是这样的一场婚礼,却印

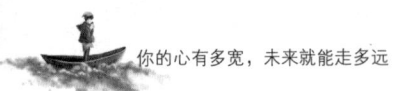

在了我的心里。

爷爷说:"老太婆,你这一辈子,不爱动,没事就喜欢在椅子上织毛衣。身体啊,没我这么好。我看八成啊,你会比我先走。

"如果想一想啊,那也挺好的。你看你吧,胆子又小,又笨,如果我先走的话,家里的那一大堆事,你怎么处理?

"你又爱哭,这都七老八十了,还改不了。留你一个人在那哭,我更不放心了。老太婆啊,人死之前,有病,有痛,确实啊,招人烦,不过你放心,即使你再烦,我也不会嫌你。

"当然了,我脾气不好,你要是到了那一头,愿意的话,就等一等我,如果你不愿意,你就找一个脾气比我好的,我也答应。那咱俩就说好了,墓碑上边我会空出一块,到时候我把我的名字刻在你的旁边,行吗?"

就是这样一段朴实的对话,哭得我怎么都停不下来。

我能想到最好的爱,就是在百年以后,愿你比我先走。我愿意承担失去你以后所有的痛苦以及回忆,为你安葬,让你走得心安。

这个对白刷新了我对生活的认知,人人都在奢望一种理想化的浪漫,认为生活就应该多姿多彩,却忽略了细微且真实的感动。

说到底，真正的生活不过是柴米油盐、粗茶淡饭，它就隐匿在我们身边，只是我们从未发现。

它是妈妈一句句似乎永无休止的唠叨，是爸爸满脸嫌弃的不耐烦；是奶奶口中对爷爷的一句句咒骂，是爷爷走后，奶奶偷偷流下的泪花；是邻居张阿姨一边埋怨王叔叔喝酒，一边细心地为他煲粥，是王叔叔发现阿姨刀子嘴背后，藏着的温柔。

他们没有甜言蜜语，没有风花雪月的故事，没有很多令人热泪盈眶的光荣事迹，但是在细水长流的漫长时光里，他们都留下了浓妆艳抹的一笔。

他们很平凡，但是这种平凡，才是最真实的浪漫。

6

每个女孩子都认真地幻想过自己的婚礼，最好可以惊天动地，带给自己一生仅有一次的惊喜。

我朋友小惠也是如此，但她去年结婚的时候，却是选择了最简单的方式，只有双方家长和几位要好的朋友，吃个饭就算完事。

我起初很不解，但她说，年轻的时候想要轰轰烈烈，怎样张扬怎样来，但长大以后，发现平凡才是真，日子不是花枝招展的攀比，过得是否如意，都在心里。

是啊，或许小孩子才想着出风头吧，我们大人只求心里踏实。

这种踏实不是没有上进心，一味地固步自封，原地踏步，而是时刻保持对生活的敬畏心，即使没有大富大贵，也始终明白平凡可贵，珍惜平凡日子里的那抹烟火，即使普通，也依然热爱，即使平凡，依旧向上。

每个人都有自己的生活方式和不同的看世界的角度，我们不能绑架任何一个人的追求，但是却能在能力所及的范围之内，过好自己的一生。

无论灿烂还是平凡，都应该无惧未来，不负今天。生活本就是一门变得更好的艺术，即使平凡，也要在平凡中，开出花来。

但是如果可以，请一定要选择一个知你、懂你、怜惜你的人一起前行，不求他能为你撑起一片天，至少不会在你落魄时挖坑。

希望我们能爱自己，并且有能力去爱别人。希望我们深情不被辜负，希望我们所及之处，鲜花满地。

有男朋友了就不要跟别的男生暧昧了

1

我在网上偶然看到一个话题："什么样的女孩让你觉得最有教养？"其中排在最前排的一个回答是：

"有男朋友了就不要和其他男孩暧昧了。"

这句话之所以给我那么大的触动，是因为前几天，刚好有位读者跟我说到这件事，如今想来，更是深以为然。

他在一个聚会上结识一位女生，心生好感的原因是在别人劝酒的时候，只有她站出来帮他解围，并且特别豪气地说："他酒精过敏，实在是不能喝，喝多了可是会随便亲人的哦，大家如果不介意，这杯我代过了，大家饶了他哈。"

说完一饮而尽，聚会上的人都心照不宣地笑着闹着，以为他们是情侣，还说他们合体撒狗粮。

可他们确实是第一天认识。

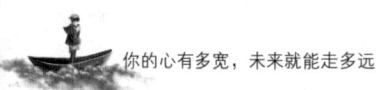
你的心有多宽，未来就能走多远

聚会结束，男生加了女生的微信，并且当面感谢了她，问她怎么知道自己酒精过敏。

女生哈哈一笑，说："我猜的，我看你一直没敢喝，哪怕碰了一点点，脖子就红了，再说了，你长这么帅，我岂有不帮的道理？"

说完抛个媚眼，踩着小高跟鞋吧嗒吧嗒地走了。

2

那一晚，男生的魂好像都被勾走了，一直沉浸在她最后抛的那个媚眼里。

于是他问我："你说，她是不是真的对我有好感，如果我追求她，她会同意做我女朋友吗？"

我鼓励他去试一试，一般来讲，如果一个女生对一个男生完全没有想法，应该不会当着那么多人的面当众开撩，再说了，不试试怎么知道呢？

他点点头，坚定了追求的决心。

在正式展开追求之前，他试探性地问了女生很多次，你有男朋友吗？

每次都被她巧妙地应付过去，甚至一脸认真地说："当然有了,我这么漂亮这么优秀,身边会缺男朋友吗？你不就是吗？"

说完还去笑嘻嘻地捏他的下巴，等他刚想碰她的时候，却大笑着转身跑开。

男生以为她同意了，便很认真地对她展开追求，三天两头请吃饭看电影，还拿出自己大半的工资给她买礼物，女生照单全收，但是丝毫不说接受的话。

男生急了，直接在女孩生日那天，买了一大束玫瑰等在楼下，准备表白。

可没想到，等了半天，却等到了两个人，一个男的搂着她肩膀一起出来，有说有笑，那个男的还抱着她亲了一口。

气氛一度陷入尴尬，然后，戏剧性的一幕来了。女生直接绕到他身边说："我都跟你说了我不喜欢你，你就别再缠着我了，老公，我们走。"

然后听到那男的说："这是这个月第几个追求者了？我老婆就是有魅力。"

那天的风一点都不大，但他立在那里却被吹湿了眼睛，很久很久，都没有缓过神来。

3

在故事的一开始，完全不知情的我还以为这女生是装矜持，不好意思那么快答应了，可到后面，剧情转得太快，我险些没

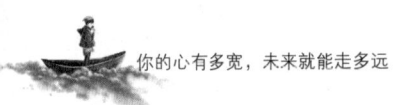

有转过弯来。滤清全部的关系网,我彻底炸了。

你有男朋友还在外面找一大堆备胎暧昧来暧昧去?有没有搞错?

怎么就活得那么廉价呢,毫不知廉耻地消费别人对你的感情,短短几个月,花掉了别人上万的工资,还能脸不红心不跳地装作不认识,这简直颠覆了我二十几年的世界观。

而且听她男朋友说的那句:"这是这个月第几个了?"

第几个了,可见她发展的备胎已经可以组成一个团了,原来她是专业行骗的。

一个女生,招人喜欢,这本身是件特别值得肯定的事。但是如果拿别人的喜欢毫无底线地抬升自己,那就真的太跌价了。

我始终认为,作为女生可以不漂亮,但是绝对不可以没有教养。不肆意消费别人的喜欢,就是一个女生最基本的修养。

而一边暧昧地消费别人,一边又给男友戴绿帽子的你,看起来不仅廉价,而且丑到令人作呕,因为你连最基本的修养都没有。

4

大学期间我一个学姐,人长得漂亮,人缘也特别好。但是最让人钦佩的是她与人相处的态度和对自我的严格要求,那种由内而外散发的魅力,莫名让人想要靠近。

就拿对待追求者的态度来说吧,她在学生会任主席期间,说追求者无数一点都不夸张。但是她一直保持单身,且对一众追求者拒绝得相当干脆。

例如:"女生说喜欢长得干净的男生,其实就是说喜欢长得帅的,但是很不巧,你不是。恕我直言,你好丑。所以,不好意思。"

有点狠是不是?简直太狠了好吗,这活脱脱就是拿一把刀直直地往人心里扎啊。一开始很多人不理解,甚至觉得她很过分,完全不近人情。

但是一个偶然的机会,我无意间跟她聊到这个问题,她轻轻地笑了,语重心长地说:

"伤害他们我又何尝忍心,但你不觉得吊着他们才是最大的残忍吗?我既无意何不连根拔起,不给他们任何希望才能将伤害降到最低啊。没有人可以把别人的喜欢当作标榜自己的资本,任何人都一样。"

瞬间肃然起敬是什么感觉?大概就是当时,她在我眼里成了一个发着光的女神。

同样是面对追求者,同样是女生,可是回应的态度却是天壤之别。

一个是有男友还吊着别人，拿着别人的喜欢肆意消费，一个是对于不喜欢的男生，二话不说，断然拒绝。前者给了别人希望，但是却不负责任；后者使别人痛极一时，但是却感恩终生。

4

感情这个事，说到底就是你情我愿。

你可以不接受别人对你的喜欢，但你不能靠着别人对你的喜欢去大肆欺骗。这样即使你满足了自己的虚荣心，也暂时得到了一些物质上的利益，但真的让人特别看不起。

虽然说人不一定一生只爱一个人，但你也不能在一段关系尚未结束的时候，同时勾搭好几个。这个不只是个人修养问题，更是人品有问题。

你有男朋友了，就不要跟别的男生暧昧了。

在没分手之前，请你收敛一点，否则你不仅对不起你男友，更对不起自己。

因为你的修养，已经被败光了。

我们常常说，一个人是否有教养，是否受过良好的教育，是否有好的出身和家教，这个是装不出来的，因为他们往往都体现在细节里。

一个真正值得爱的女生必然是自爱的，一个真正值得尊重的女生必然首先尊重自己。她会以恰到好处的方式，对别人的喜欢表示出善意和感激，但是绝不消费和伤害。

真的，你有男朋友就不要和别的男生看电影、夹娃娃了。一边暧昧地消费其他男生一边给男友戴绿帽子的你，看起来不仅廉价，而且丑。

真正的爱情，是彼此成就

1

在朋友强烈的推荐下，我终于看了由靳东和马伊琍主演的电视剧《我的前半生》。再加上读者一直留言说，让我写一篇关于这部剧的文章，所以我一边看一边在想，婚姻到底是什么。

这部电视剧讲述的是家庭主妇罗子君常年沉溺于养尊处优的生活中，忽然被小三插足失去一段自认为很完美的婚姻，后来重整旗鼓，进入职场，在自我的成长中走向人生下一段精彩旅程的故事。

在这部电视剧里，我们可以看到无论是关于爱情，关于婚姻，还是个人人格，都值得我们反复去思考，去探寻，而这也是一部电视剧最大的成功点所在。

无论如何，我都始终认为人都是必须要往前走和往上走的。而婚姻必然是彼此互相的成全，彼此提供爱的环境，然后双方在这种环境里,实现自我的升华。

所以在我看来,婚姻其实是一种艺术,一种使夫妻双方变得更好、人格更加健全和完善、人生变得更加完整和美好的艺术。

人们渴望从其中获得"二位一体"的契合,但同时又不愿失去"自我"的独立。一旦失去,这段婚姻关系,就会面临失衡,甚至是崩塌。

2

剧中的罗子君就是一个活生生的例子,她常年做家庭主妇,被丈夫宠得完全与社会脱节,久而久之,两人的精神和灵魂,都不能高度地契合。当精神不能同步,灵魂不能引起碰撞的时候,这段关系就会趋于淡漠。

结婚其实就是人生不易,要找一个队友同舟共济,如果一方落后,两边肯定失衡。就像我曾经在前几天那篇《层次不同的人,没事结什么婚?》里写的小顾姐一样,她也是婚后做起了家庭主妇,渐渐地,就离想要的自己,越来越远。

她跟老公也越来越没话说,眼看着他平步青云,美女环绕,却什么都做不了。他总是很忙,他的时间总是排得那么满,而所有的行程里,从来都没有自己。

这个时候的婚姻,其实已经出现了精神上的不对等,而只

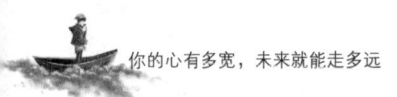

有对等的爱情，才能不必卑微，更无须仰望。不是弱者对强者的依附，也不需要用贬低对方和吹嘘自己的方式来势均力敌，而是两个人，互相照耀，同时发光。

3

我见过最好的势均力敌的爱情，是钱锺书和杨绛先生。

有的时候，人和人的缘分只此一面就够了，因为你知道，她是你前世的爱人。文坛伉俪钱锺书和杨绛先生便应了这句话。

在20世纪的中国，杨绛与钱锺书是天造地设的绝配。胡河清曾赞叹："钱锺书、杨绛伉俪，可说是当代文学中的一双名剑。钱锺书如英气流动之雄剑，常常出匣自鸣，语惊天下；杨绛则如青光含藏之雌剑，大智若愚，不显刀刃。"

在这样一个单纯温馨的学者家庭，两人过着"琴瑟和弦，鸾凤和鸣"的围城生活。

他们互相理解的同时也互相追逐，因为彼此是持平的，所以无论怎么跑，始终都不会弄丢对方。因为有了势均力敌的彼此，才能互相竞争，互相刺激也互相进步。

而电影《史密斯夫妇》也是一样，它讲述了一对各为其主但互不知身份的杀手成了一对夫妻的故事，只是这对夫妻万万没想到，最后自己要下手的对象，就是对方。

情场如战场，我们彼此厮杀，势均力敌。争斗越激烈，了解便越深，相爱也越深，我甚至欣赏你对我痛下杀手时那一刻的姿态和深情。最后，我们彼此抚摸着对方所赐的伤痕，知道这就是我一生注定要遇到的人。

朱莉说："我们努力修炼是为了嫁给一个好男人吗？不，我们努力修炼是为了不需要男人。"

我之所以迷恋这部电影，是因为它能让我在爱情、婚姻、家庭等方面都有更深刻的思考。他们在追求时斗智斗勇，相处时亦敌亦友。

那些激情和快感，还有默契，不是那些一个无限索取、一个无限付出的不平等关系能给予的。因为彼此平等，势均力敌，当强强联盟时，只会变得更加所向披靡。

4

宫崎骏的一部动画里，有这样一个镜头：女主坐在男主的单车后座上，男主奋力地踩着单车上坡时，女主突然跳下车在后面帮忙推单车。

男主很诧异，女主说："我不能做你前进的负担，而是要和你一起努力。"

很长一段时间里，我都被这幅画面感动着。我能想到最动

人的爱情，无非是年轻时，彼此成就；容颜老去时，相互搀扶。

我愿意为了你承担所有的风雨；愿意做守护你的那只最有力的手臂；愿意在百年以后，承包所有痛苦目送你先走；愿意承受所有没有你以后的落寞。

但在我们尚且在一起的时候，但愿你我都高度保持着一种"利己主义"。我们结婚，就是因为想让人生更加完善和美好。如果两个人生活在一起会让彼此更累，那这样的婚姻等同于虚设。

而好的婚姻，一定会让彼此成为更好的人。

第五章
别小看那个连买菜都涂口红的女人

你曾是我第一个想要嫁的人

1

昨晚我大半夜被闺密叫去喝酒,几杯下肚她就开始哇哇地哭,我手足无措地愣在那儿,但心里却已经明白了大概。

前些日子她的初恋回来了,那个她曾经爱了很多年的男人悲戚地跟她说,一直忘不了她。说分开的这些年自己遇到过很多人,但唯独她一人从来没有忘记过,却也从来没有得到过。

她险些再次沦陷了,不过还好没有。因为她在街头,亲眼看到那个男人搂着另一个女人的肩膀,笑得正欢。

那自己算什么呢?说是备胎都觉得侮辱了备胎。

弄掉在地下的东西脏了就不能吃了,那为什么弄丢的人回头却想着在一起呢?

她说因为那是她这辈子第一个想要嫁的人,她不知道初恋对她意味着什么,只知道在内心深处,一直都有他的位置,不

提起,却也没忘记。

2

她的话触动了我,初恋于我来说,同样占据着内心深处的某个小角落,别人走不进去,而他也始终出不来。

而时间久了我们就会发现,我们忘不掉的不是那个人,而是自己曾经的那份执念。

之前高中同学聚会,我遇到了一位好朋友,她当初跟男朋友是学校的模范情侣,我们都以为他们结婚了,可事实是他们一毕业就天各一方。

我问她,你以后会不会忘记他。她说,不会啊,我这一辈子都不会忘记他的。她的语气自然,好像在说,今天中午吃什么饭?

我有点惊讶,她笑笑接着说:

"那感觉就像是小时候想要的一件心爱的玩具,却总也得不到。后来长大了,自己能买得起更多、更美、更喜欢的玩具,但是却发现,自己早就不再喜欢玩具了。"

3

是啊,人都是往上走、往前走的。没有谁会一直停留在原地,等着一个不归人。

只是初恋，始终都是我们心里那一抹一触即碎的柔软，不管曾经是明朗还是终究黯淡，时间久了，他们就化成空气，漂浮在我们的呼吸里。

那么如果，你们当初因为各种原因不得已分开，这些年他从未走远，如果他回头，而你还爱，你会不会去追？

有的人说：不追。十五六岁的时候爱情是怦然心动，是共同期许看不见的未来；二十五六岁的时候，爱情是忙到凌晨三点，他歪在我身后的椅子里睡得四仰八叉，彼此是未来。

有的人说：肯定会追，人这一生总要有那么一次为心爱的人赴汤蹈火，即使只是飞蛾扑火尸骨无存，也不要抱憾终身。

有的人说：如果再给我一次机会，我不会表白，不会追，会默默地让自己变得更好，然后出现在他面前，告诉他我一直喜欢他。

有的人说：对于等了五年的初恋，我不会再追了，那种感觉真的不好受。得不到的才是青春，他出现过就好，何必执着是否在一起。多谢当初他的不爱，才塑造了如今的我。热情都给了初恋，时过境迁之后我只想要平淡的生活。

4

　　一千个人就会有一千种看法,而无论是哪一种我都希望我们不要带着仇恨活下去。

　　如果放下他就各奔东西,成全自己;

　　感谢他的出现,让我们发现自己的不完美,让我们有机会遇到更好更值得的人。哪怕以后没有在一起,也希望以后走过的风景会有人替他细心收藏。

　　如果抓紧他,就岁月安好,白头偕老。

　　你嗒嗒的马蹄声或许是个美丽的错误,但是没有关系,只要最后你是那个风雪中的夜归人,我还爱,而你还在等待,那我愿意和你看日出,赏黄昏,朝朝暮暮。

　　因为你是我第一个想要嫁的人,我爱过你,我不会计较。

如果另一半去世了,你会如何度过余生

1

先来看一则留言。

我老公只和我在一起生活了十九个年头,就毫无征兆地突发心梗,去世了。当时天都塌了,不知道往后一个人怎么过,整天哭了睡,睡醒了继续哭。

想想一儿一女将来要上大学,要结婚生子,要有长长的一生要走,而这所有的他都不会再参与了,我就整个人崩溃掉。

我是个编外幼儿教师,收入有限,压力可想而知,但我也做好了最坏的思想准备,假如实在挺不过去,我就找个经济条件好点的、能对我孩子有所帮助的男人嫁了。可惜一直没遇到。条件好的,挑剔我有两个孩子,会拖累他们。条件不好的,又实在不忍心委曲求全。

但天无绝人之路,总会有办法的,我把老公一些抚恤金再

加上家里存款之类的凑一凑,大概有二十万,大着胆子放了高利贷,两个孩子几年的学费就靠这笔收入来维持。

后来儿女毕业都有了出息,一个警察,一个教师,让我看到了人生的希望,抽回这笔钱为他们买房付了首付,也为他们买车添了些钱。现在儿子已娶妻生子,女儿也是单位骨干。

女人在命运不能眷顾自己时,一定要自力更生,更不能失去自尊,那种心气神,才是你立足于世的根本。

如果自己的另一半去世了,你将会如何度过余生?以上就是我见过最好的答案。

2

我有个闺密已经跟男朋友在一起将近七年了。

她曾经也在无意间问她男朋友,如果将来有一天我们都老了,背驼了,牙齿掉光了,你会比较希望谁先死掉?

她男友想都没想直接说:"那当然是你啊,我当然希望先死的人是你。"

她乍一听立即炸毛了,心想这人怎么这样?但是听到男友的解释,她却哭了。

男友说:"因为你这个人啊,什么都做不好,像个废物一样,不会做饭不会洗衣服,人又懒又不爱运动,每天都只知道吃,白天吃晚上吃，心情好了吃，心情不好也要吃。又傻又丑又胖，如果没有了我，你该怎么办呢？

"我不希望我先走，因为我不确定我走了以后，你自己一个人能不能把自己照顾好。但是你先死就不一样了，我可以留下来收拾烂摊子，安顿好孩子，照顾好爸妈，并且一个人承受住所有的痛苦和辛酸。如果是你呢，你可以吗？"

闺密没有再说话，只是眼泪不知何时夺眶而出。那一刻，她在心里一遍又一遍地跟自己说，就他了，这辈子就他了。

同样被感动的还有我，一方面为她感到幸福，另一方面，这场景也使我想起了《北京遇上西雅图之不二情书》里那对爷爷和奶奶。他们补办婚礼时，就是这样似曾相识的对白。

记得当时我是一个人去看的，抱着一大桶爆米花，若无其事地坐在两对情侣中间，旁若无人地发泄一泻千里的感伤。

当时印象最深的就是，七十多岁的爷爷在男主 Daniel（吴秀波饰）的策划下，跟奶奶补办的那场婚礼。

头发花白、满脸皱纹的一对老人，没有很美的婚纱，没有音乐，没有亲朋好友的见证，但是就是这样的一场婚礼，让电影院里的我哭成狗，怎么都停不下来。

电影里的奶奶是幸运的，闺密也是幸运的。想来在一段爱情里，如果另一半可以爱你胜过爱自己，愿意承担失去你以后

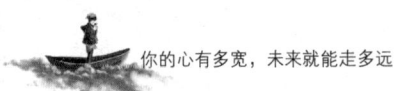

所有的痛苦以及回忆，那么这个人对你的爱，又何止是深沉那么简单？

3

回望历史，自古被传唱和歌颂的爱情多如天边繁星。而他们之所以可以流传千古，大抵是因为现实生活中很难实现，他们似乎寄予了人们对于爱情太多不现实的美好向往。

但是事实果真如此吗？是我们对于爱情的期望太理想化，还是疏于在日常的柴米油盐中发现细微的感动？

我们总是习惯上纲上线地给爱情渲染上各种颜色，想当然地以为爱情应该是想象中的某种样子，但是归根究底，爱情没有那么多风花雪月的浪漫。

许多年以后，我们便会发现，琴棋书画诗酒花不过是一种理想中的画面，而现实生活中，我们终要回归柴米油盐、粗茶淡饭。

可是爱情啊，爱情怎么可以没有甜言蜜语，没有山盟海誓呢？如果你没有天天说爱我那我怎么会有安全感呢？

你看，年轻时期的我们大抵都会这样以为吧。而其实真正的爱情从来不是他说很多好听的话，做很多令你热泪盈眶的事，而是在细水长流的漫长时光里，将你呵护在手心里，并且深藏在心底。

　　他或许不会说爱你,但是你却可以无比确定,他眼角的那抹笑意,都是因为你。

　　每一对夫妻都是前世修来的福分,请一定要好好珍惜。

这才是成年人恋爱该有的态度

1

张翰和古力娜扎分手我并不意外,意外的是他们宣布分手的方式。

一点都不拖泥带水,不争吵不撕逼,相当优雅。合适的时间遇到了自以为合适的人,便顶着外界的压力走在一起,不合适了就和平分手,从此一别两宽,各自欢喜。

我觉得这才是成年人谈恋爱该有的态度。

没有谁离开谁不能活,能在一起就好好地在一起,不能在一起就好好地分开,没有关系,彼此都付出过,拥有过,谁也不欠谁。

人活一生,不应该为任何人而活着,那样一点都不酷。我恋爱的时候什么都敢失去,唯独自己的本心不敢失去。所以,你能来我自是欢喜的,你能走我也不遗憾。

不是谁的粉丝，不评价他们之间的感情。

只想说一下我对成年人谈恋爱的些许看法。

2

我有个读者叫小青，她19岁那年谈了人生中第一场恋爱，男人对他很好，或者是说看起来很好，至少在把她骗上床之前是这样的。但后来就变了，小青瞒着所有人把自己的一切都交给他，她以为这就是爱情了，其实不是的。

她爱他，但他只想睡她。

得知真相之后，小青发现自己怀孕了。

于是她拿着孕检去闹了男人的公司，落得一个狐狸精的称号，原来，那男人是有妻子的，自己才是那个人神共愤的小三。

她以孩子为要挟试图挽留男人，但男人的态度很坚决，明确表示自己就是玩玩而已。在打给她3000块堕胎费后，男人便彻底消失了。

她最终没有把孩子生下来，但这件事给她留下了很深的心理阴影，直到现在，将近七年过去，26岁的她依然没有再开始一场恋爱。

她不是不相信爱情了，她是不相信自己了。

渣男根本不配自己这样伤害自己，当初为什么还要自降身价去求他留下来？那样的自己看起来特别下贱，在此后的很多年，她都控制不住自己去回想那个几乎要给那个男人下跪的场面。

鄙视自己，甚至想结束了自己。但这一切，都跟那个男人没有任何关系。

3

那时候的小青固然不够成熟，但她当初的冲动又何尝没有我们年轻时的影子呢？

爱一个人，什么都不管不顾，只想一心跟他走，一路奔到白头。但青涩的爱情，说到底不过是年轻时泛滥的荷尔蒙，即使纯粹但终不成熟。

一段成熟的恋爱，应该是有你更好，没你也没关系，我们之间的感情不凌驾于我的原则之上，我可以毫无保留地去爱你，但前提是我要保全自己。我将爱情视若神明，虔心供奉，但这样的我，必须有一颗自尊心。

这种自尊心，就是自爱。

那为什么在人人都追求男女平等的今天，女人还总是在爱情里扮演着弱势的角色？

于威在《小资女人的爱情态度》里说，其实问题不在于爱情，

第五章
别小看那个连买菜都涂口红的女人

而在于女人对待爱情的态度。

因为参加了一次子爵家里举办的舞会,淳朴可爱的姑娘爱玛就消失了,福楼拜挥舞着手术刀,让我们目睹了包法利夫人如何被欲望和疯狂活活地吞噬掉。

青春期,是最强烈的催情剂,潜在的原始欲念刺激着情感的兴奋与期待。骑士小说中浪漫的爱情,完全征服了修道院中的爱玛,把她变成一只扑火的飞蛾。

可是你发现了吗?

从头至尾,爱玛都没有爱过那个男人,她爱的是爱情本身。让她迷失的,不过是自己在爱情中的姿态。

有些女生,现在不正是在重复包法利夫人的悲剧吗?

处在一个相对开放的社会,今天的女人要比以前勇敢得多。多少疯狂的女人凭着爱的名义,掀起一场又一场腥风血雨。

"我为你付出那么多,你为什么不爱我?"你爱他,可他并没有要被感动的义务啊。没有谁规定,你爱他,他就必须要爱你,要知道,爱情永远不是等价交换的贸易往来。

其实到了这一步,爱情的源头早已不是内心的激情,而是自己对于爱情的幻觉。

4

所以在爱之前，请先弄清楚，你爱的是他，还是义无反顾爱着他的那个自己。要知道，你爱他，和你们相爱，完全是两回事。

成熟的爱情，并不要求前世注定般的一见倾心，也不奢望一眼便可望穿彼此的默契。但至少在这段亲密关系里，你要让我感受到爱。

但是我要你知道，我可以和你肩并肩去远方看风景，可以为君做羹汤。

我什么都可以，当然这其中也包括，换了你。

如果你愿意，我便继续爱你。

如果你不愿意，我便行军十里，送你离去，且不问归期。

归根究底，没有人值得我们像望夫石那样，一动不动地注视着眼前流过的河流，而忘记了自己曾向往远方，自己有双可以飞的翅膀。

没有什么所谓的另一半，每一个人都是完整的自己。携手同行时，你可以陪我止步看夕阳，我心存感激。而你离开了，我一个人，就是一支队伍，偶尔孤独，但会在孤独里，开出大朵的花。

我们大张旗鼓地恋爱，我们心平气和地分开。

第五章
别小看那个连买菜都涂口红的女人

你来了我很欢喜,你走了我也不会暗自哭泣。

甚至会以一个旧人的身份祝福你,愿一别两宽,各自欢喜,从此天高海阔,你我终生再无相遇。

你的心有多宽,未来就能走多远

三观不同的爱情,更能接近幸福

1

在近期热播剧《欢乐颂》第 40 集的时候,听到一句令人几乎泪目的话,这句话来自赵医生。

他说:"好的关系应该让自己更自在,而不是在对方面前伪装成另一个人。"

这句话是赵医生在帮助邱莹莹转院以后,安迪问赵医生是不是决定要跟曲筱绡分手的时候说的,当时的他看似云淡风轻,实则内心早已沸腾了吧。其实他是深爱曲筱绡的,只是在这份关系面前,他选择了尊重自己。

而曲筱绡也是一样的,那晚她喝醉以后哭着跑到关关那里,歇斯底里地问:"为什么自己会这么爱他,他到底有哪里好啊?"

其实她不是问关关,更多的是在问自己。是啊,他有什么好啊,本来没什么好的,但是你爱他,所以他什么都好了。

关关说:"既然你那么爱他,为什么还要跟他分手呢?"

她回道:"就是爱他才会跟他分开啊,我爱他的清高,爱他是他自己,我害怕他因为我变得不是他了,我不想让他为了我改变。"

听她说完,我在心里止不住地感慨,到底是怎样的深爱才可以为了爱而选择分开?一段好的关系不应该是彼此将就和凑合,做为了对方去改变、变到连自己都不喜欢的那个自己,而应该首先独立出来,我先是自己,然后才是喜欢你的那个你。

2

想到这里,我忽然理解了赵医生和曲筱绡分手的真正原因。

其实他们俩彼此是深爱的,这一点毋庸置疑。但是由于两人有着各种各样的不同,甚至连价值观都不同的时候,他们之间的爱就受到了挑战,甚至是威胁。这一点在曲筱绡谈生意,赵医生满脸不自在时就可以看出来。

他们是不同的,赵医生或许理解她,但是理解和接受从来都不是一回事。他可以不在意她的小手段、小脾气,甚至可以认为是可爱,是古灵精怪。但是她在工作上所表现出的八面玲珑,还是让赵医生无法接受。

他们选择了分手,对彼此来说,都是煎熬。但是正因为有

了这次分开,他们才可以看清自己想要的关系究竟是怎样的。

老实说,我一直有种"真爱至上"的执念,我认为既然是爱,就可以有各种可能。所以即使赵医生说"好的关系应该让自己自在",我依然相信:生活中的大多数人,会在两个人的这种不同里,找到一种令彼此舒服的相处方式,彼此深爱的同时,彼此尊重。

说到这里,我想起了我的一位前同事,乐乐。

如果不是那天下雨,看到她老公来公司接他下班,我跟所有人一样,绝对不可能将他们两个人联系在一起。

怎么说呢,乐乐一直是一个雷厉风行的女强人形象,性格豪爽直率,从来不拘小节。而她老公则是一副瘦瘦弱弱、斯文学者样子,感觉两个人一点儿都不搭。

某个偶然的机会,我跟她说到了这个问题,她笑笑说:

"其实不是你,很多人都问过我,为什么会选择他。我跟他不只是外在看起来不搭,内在更不搭,我们几乎没有共同点。很多人都觉得我是跟他相亲认识,然后凑合过日子的,可我们是恋爱十年才结婚的,是真正的因为爱情。

"彼此不同又有什么关系呢?重要的是能在这种不同里找到平衡。换个角度想一下,其实我总是能在这种不同里发现自己新的可能性,正是因为他是一个跟我不同的世界,我才一直保持探索欲和新鲜感。这大概就是互补吧，我们在一起，彼此变成了更好的自己。"

我惊得合不拢嘴，不只是因为他们感人的爱情故事，更是因为说到这一切的时候，乐乐由女强人变成了小女人，甚至连说话的语气，都变得柔软起来。

我想，这大概就是爱情的样子吧。我爱你的时候只要一提到你，我的眼神就变得格外温柔，心也特别柔软。这种改变，就是你所能给我的爱的底气。

在一段感情里，我因为爱你，所以你身上的每一个缺点我都嫌弃，但嫌弃恰恰是因为我在意，只有这样我才能意识到，我们都不是完美的人，我们还有很长的一段路要走，还有很多的事情要一起做，要一起彼此搀扶着相互成长，所以在一起的每一天，都会格外珍惜。

毕竟真正的爱情从来不是两个100分的人走到一起，各自为王，而是两个不及格却一直在努力提升自己的人渐渐向彼此靠近，我们都不完美，但我们在一起以后，一直携手走在变好的路上，我们都知道，我们迟早也会变成那个100分，而这中间的过程，就是我们平时所说的"过日子"。这种日子或平淡无奇或波澜壮阔，但无论如何，都会有一种味道始终相伴，这种味道叫作：人间烟火。

3

还记得日本动漫《哆啦A梦》吗?

那个总是遭人嫌弃的大雄,什么都做不好,总是考0分,却还不肯努力,少根筋,反应迟钝,没自信,懒惰,胆小又没志气,但那又怎么样呢?哆啦A梦始终都在担心他,照顾他,从来都没有放弃过他。

但这并没有阻止哆啦A梦对他的嫌弃,但他的嫌弃始终都建立在不会离开的基础之上,这个时候,嫌弃就成了一种希冀。也只有真正爱你的人,才会去嫌弃你,因为这是一种希望你进步成长、变得更好的期望。

我们经历不同,三观不同,你身上始终都会有我看不惯的地方,而你看我也一样,所以我们有时候会争吵,会闹得很不愉快。但也正因为我们之间有了这些差异,才会使平淡无奇的岁月时不时泛起涟漪,变得格外生动有趣。

只有三观相同的人才能有共同语言,才能处一段让彼此舒服的关系长久地走下去吗?不一定。

从这个角度出发,我反倒觉得三观不同的两个人才更能接近幸福,正如我同事乐乐说的那样,因为我们不同,因为我们彼此嫌弃才能一起进步成长,才能永远保持探索欲和新鲜感。

对方的存在于你来说,永远是一块未能完全开发的土地,他的身上存在着那么多跟我们不一样的东西，而我们偏偏又因为相爱而在一起，那么有了不同的你，我的人生将会变得多有趣。

另一方面，我们三观不同，却依然坚定地选择在一起，说明我们之间的爱远远超过对三观的认知，那么这样的一段关系才更值得去珍惜，不是吗？而你也一样，你更值得我去珍惜，因为你爱我，胜过爱你自己。

爱情哪有那么多感天动地的大道理，说到底不过是于己心安罢了，跟你在一起有归属感才是我毕生所求，不要让各种条条框框困住自己的内心，失去追求的勇气，爱就爱了，没有规矩也没有目的，我爱你是你这个人，只是因为你是你，而不是因为你跟我三观相似或不同。

相似固然是好，但不同也未必就差。

别让家人的爱变成永久的等待

1

上小学的时候,有一次她和弟弟吵架,特别凶。

弟弟对着她大喊:"你这个没人要的东西,滚出我家,滚啊!"

于是,大冬天的她穿着拖鞋就跑出去了。

一个人在外面的柴火堆里睡了一夜,冻得全身没有知觉。

第二天,父亲找到她,把她紧紧地抱在怀里,心疼得眼泪直掉。

一进门就看到弟弟,过去就是一耳光。

父亲对着弟弟吼道:"以后要再敢说这种混账话你就给我滚,我认识她比认识你早多了!"

她是爸妈领养的。

但是妈妈生下弟弟后就去世了。

村里人都说,是她把妈妈克死的,弟弟也这么认为。

但是父亲说，谁敢这么说他就与谁为敌。

父亲一直没有再娶，他害怕后妈会欺负他闺女。

2

读初中以后，父亲在工地上被砸伤了一只眼睛。

当时她正值敏感的青春期，特别要面子，觉得爸爸瞎掉的眼睛又丑又丢人。

有一年冬天，父亲来学校接她，特意带了一个自己煮的鸡腿，一直揣在怀里，怕凉了。

她特别害怕同学看到他，于是躲了起来，偷偷地从学校的侧门溜走了。

到家以后，她一直等了他两个小时，都没有回来。

于是返回学校找他，到学校以后，她看到校门口只有他一个人，被冻得像一个雪人一样，一边跺脚一边往校园里张望。而校园里早已经是一片漆黑。

那一刻，她终于再也忍不住，眼泪夺眶而出。

那一天，是她的生日，确切地说，是她被领回家的日子。

她是孤儿，一出生就被扔掉了。

但是父亲却说，她是上天送给他最珍贵的礼物。

3

读高中以后,父亲的头发开始变白。

而她也慢慢地长成了亭亭玉立的大姑娘,开始学着打扮。

开始有了心事,也开始偷偷地将自己喜欢的男生,写进日记里。

有一次,她甚至偷了父亲的血汗钱,去见网友。

到了见面的地点以后,她发现对方是一个穷凶极恶的大叔,原来大叔是个骗子,不仅抢了她的钱包,还威胁她要拉她去开房。

她很怕,慌不择路地往回跑,一边跑一边哭。

她想找公共电话打电话给父亲,但是还没找到电话亭父亲就出现了。

她惊讶得说不出话来,原来父亲一直跟在她的后面。

父亲说,你上公交车的时候,我就在你的后座了。

只要你回头,就会看到我。

4

上大学了,她想去到更大的城市,看更大的世界。

父亲问他,想考到哪里呢。她想都不想,直接说,当然是北京了。

父亲想再说些什么,但是又放弃了,低下抽着烟,不再说什么。

其实他想说：可以考到本地吗，这样就可以离家近一些，这样，爸爸就能经常看到你。

但是这些话，终究烂在了心里。

大学期间，女儿回家的次数越来越少，父亲的视力也越来越差。

父亲老了，话也越来越少了。

有一次，她突然接到了弟弟的电话。

弟弟说："你抽空就回家一趟吧，爸爸的眼睛，越来越不好了。"

她这才想起，已经很久都没有过父亲的消息。

她买了回家的车票，却在路上跟男朋友煲了一夜的电话粥。

连她自己也不知道，从什么时候开始，电话里的这个男人，好像变得比自己的爸爸更加重要了。

5

大学临近毕业，她趁暑假赶回家，跟她一起回家的，还有她的男朋友。

那是一个看上去温文尔雅的男生，长她几岁。

到家以后，她拉住父亲的手，才发现父亲竟然变得这么瘦。

她拉住父亲的手臂，撒娇似的轻声说："爸，我回来了。"

爸爸的眼睛被蒙上了白色的绷带，另外一只也受了感染，一直在流泪。

他说："没事，是风吹的。"

她笑笑转身拉着男朋友的手，走到父亲身边，说："爸，这是我男朋友。"

父亲看着他，眼睛轻轻地眨了一下，一个字都没有说出口，转身走回房间，背对着他们，哭了。

是啊，女儿到底是长大了，我也老了，终究会有一个男人替我来爱他。

只是为什么，那个男人出现的时候，我却高兴不起来呢。

6

毕业以后，她留在了大学所在的城市，正式步入社会。

也算争气，一路过关斩将进了一家不错的公司，但是试用期压力特别大，她开始大把大把地掉头发。

后来，她失恋了，失恋以后她工作更加拼命了。

她觉得没有什么可以带给她安全感，除了自己亲手挣来的钱。

但那个男人刚走不久，她忽然晕倒了。

同事将她送到医院，医生告诉她，你怀孕了。

那一刻，所有她伪装的坚强，都稀里哗啦地碎成了渣。

原来在这座陌生的城市，自己始终都在流浪。

她不要坚强了，她只想要一个拥抱，只想赶紧回家。

她发信息给父亲，说："爸，我怀孕了。"

父亲下一秒立马打电话过来，她喊了一声"爸爸"，然后就开始哭。

父亲沉默着，等她哭完，说："回来，爸养你。"

7

她最终还是决定不要那个孩子，她没有告诉父亲，是弟弟陪她去的医院。

手术结束后的几天，父亲一言不发，然后突然不见了。

父亲消失后的第二天接到医院的电话，父亲躺在医院里，头部受了重伤。

原来，父亲去找了那个男人，可是那个男人却动了手。

父亲老了，自然打不过他。

但更让人绝望的，是医生告诉她，父亲得了肝癌，已经晚期了。

她突然明白了父亲越来越瘦的原因……

拿着父亲的化验报告单,她蹲在病房的门口,抱着双臂,哭出了声。

想起弟弟每次送他回学校的时候,都会跟她说:"你有时间就多回来看看吧,你不在的时候,爸爸老念叨你。"她点头说:"好,我一定会的。"但是真的会吗?她大学四年回家的次数,屈指可数。

8

秋天过去,冬天就跟着来了,家乡的小城永远是这么四季分明。

冬天来的时候,落下的树叶会被大雪埋在地下,而树叶没了,父亲也就走了。

她忽然想起初中那年,父亲去学校给自己送鸡腿的那个夜晚。

想到那个伟岸的父亲,就这么慢慢地、慢慢地,脊背变弯了,长了皱纹,白了头发,最终,再也看不见了。

于是她猛然意识到,父亲真的走了,自己也真的不再是小孩子了。

她守在父亲的墓碑边,想到小时候父亲护着她的画面。

想着想着就睡着了,睡着以后的她做了一个梦,梦到医生跟她说：

"你没来的时候，你爸爸一直盯着手机看你朋友圈的自拍照呢，他说自己的女儿这么漂亮，真害怕以后再也看不到了。所以啊，你看，你回来了，你父亲就能看到你了，只要看到你，他的病就会好。"

她抱着爸爸手臂，一遍又一遍地说："对不起。"

"对不起，你回来好吗？只要你回来，我再也不离开。"

"对不起，还有，我爱你。"

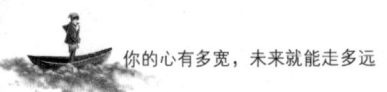

你只是路过,而非归人

1

我喜欢一个人吃饭,因为喜欢在吃饭的时候发呆。如果有人跟我一起他们就会问:"你在想什么呢?"而我不知道怎么回答。

因为我在想你啊,这是我的秘密,不能与人分享,且永远见不到阳光。

雨停了,彩虹会高挂在天上。树叶黄了落了,来年春天又会泛出新芽。可是你呢,你为什么来了,就不走了呢?

这些年我去过很多城市,见过很多人,但只有你,我从来没有忘记过。

也只有你,我从来没有得到过。

2

时隔那么多年,我依然记得最初开始实习的那年夏天。

当时刚入职不久,你说等过了试用期就带我去巴黎,作为我们在一起四周年的礼物。那是一座我满心向往的城市,我开始期待,变得更加努力。

直到某个午后,你的妻子来到公司,当着所有同事的面,一巴掌扇过来,撕着我的头发将我推到地上,大声骂我"婊子"。

我的脸上火辣辣地疼,但我不在乎,我在乎的是我那个关于你的梦。

你尾随而来,一边不住地跟大家道歉,一边匆忙地拉着她离开。你瞄了一眼地上的我,一句话都没说。

那一刻,天特别黑,我的心一点一点地往下沉,像掉进了一个深不见底的深渊里。不,确切地说是一个看似温柔却满是刀子的冰窖。

我成为了全公司的笑柄,被领导劝退,一个人窝在出租屋里,很多天没有出来。

这期间你一直不停地打电话,我觉得恶心,将你拖进了黑名单。

3

认识你那年,我刚过完 19 岁生日。

虽是盛夏,但我的生活却显得冰凉。我从小生在一个单亲家庭里,爸妈离婚以后,我变得格外自闭,一直跟着奶奶。

后来奶奶得了肝癌,去世了。

无奈之下,我就跟了爸爸。但是我恨他,更恨他身边的那个女人,如果不是她,我妈妈也不会被逼走,更不会走投无路时选择自杀。

而她也一样,深深地恨着我,因为从我把她从楼梯上推下来的那一刻开始,她就再也不会有孩子。

如何在今后的日子里除掉我,就成了她一生的事业。

我从小就很腹黑,总是带着敌对的心看待身边的一切,我不相信任何人,没有人靠近我,也没有人相信我,更没有人真的将我放在心上。

直到大一那年暑假,我遇到了你。

4

当时我在朋友的广告公司做文案,工作不算太忙,总是喜欢爬到楼顶,看看远处的天空,吹吹风。

那天,我戴着耳机心不在焉地走进电梯,不小心撞到了你。

我没有说对不起,因为你先跟我说:"你没事吧?不好意思啊。"

真的,你一点都不帅,但眼神格外坚定。看到你的第一眼,我绝对想不到以后会跟你有故事发生。

也许有些人就是这样的,他猝不及防地出现,你不会有任何防备。以至于他在你以后的生活里横冲直撞,你都毫无察觉。

我有点惶恐,抬头看了你一眼,没什么好感。就没说什么,直接走开了。

知道你是公司的大客户已经是后来的事了,在那之前我们在公司的聚会上,喝了很多酒。我心情很不好,那个女人动手打了我,因为我把爸爸送给她的项链带到了狗的脖子上。她下手很重,疼的不只是身体,还有对这个世界绝望的心。

男同事拼命灌我,我概不拒绝。一个时刻想去死的人还顾得上难不难受吗?酒精的麻醉反倒使我更加兴奋。

很老套的套路,就像电视剧安排好的那样。你为我挡了酒,并且将我送到了你的床上。

5

如果不是醒来看到你躺在沙发上,我一定会杀了你。

你满脸温柔地说:"你醒了,胃里还难受吗?昨晚你一边吐一边哭,把我吓坏了。"

我冷笑一声,对你止不住地鄙夷:"你谁啊,你为什么会在这?你装什么孙子,我跟你很熟吗?谁用得着你担心……"

对我的回答你一点都不意外。耸耸肩,平静地说:"你先去刷牙吧,我帮你买了早餐。"

我轻轻走下床一把拉开了窗帘,好大一缕阳光射了进来,刺得眼睛生疼。我转身慢慢地走进卫生间,一边走一边想,你怎么连碰都没碰我,到底是衣冠禽兽,还是真的生性善良?莫不是嫌弃吐得太脏没忍下手吧?还是你的性取向……

总之,我对你有了初步的好感。

后来我问了你,你说你从不乘人之危,也不强人所难,你要的,是一个女人的心甘情愿。

这是一个快餐时代,大家都是匆匆吃完了就扔掉了。虽然很便宜但是从来没有任何营养,只是你不一样,你从不将就,也不勉强。

6

后来,我辞去了文案的工作,做了你的随身翻译。

每次见外国客户,大家都会问,我是不是你的小女朋友。你总是笑着说,我希望是,并且以后会是的。

我不敢走夜路,怕黑,整夜整夜不敢睡。后来你知道了,

第五章
别小看那个连买菜都涂口红的女人

就在我们学校外面租了一个小公寓,你每晚都坐在床边陪着我,直到我睡着。

你总是跟我说:"有我在呢,你什么都不要怕,安心睡吧。"

你每次来学校看我,都会带很多东西,你对我的照顾无微不至。

是的,同学们都羡慕我,羡慕我有一个这么体贴的男朋友,在大家还在焦头烂额找工作的时候,我已经做了你的翻译,随心随欲地飞来飞去。

我一次又一次沦陷在你温暖的漩涡里,跟你在一起的每一天,都像是在度假。

有了你,我世界的冰块,渐渐融化了。

7

你说等我毕业了就会娶我的,你说你想永远跟我在一起。

你看,你是一个多高明的人啊,你亲手为我建造一个金光闪闪的空中花园,当我满心陶醉不能自拔的时候,就忽然响起一声春雷,将我所有的美梦劈个粉碎。

原来这是你亲手布的一个骗局,原来这是我自导自演的一场戏。

当你的妻子一巴掌将我扇醒的时候,我恶心的不只是你,还有我自己。原来我成了妈妈当年口中大骂着的第三者。

我看着她那张穷凶极恶的脸，仿佛看到了当年的妈妈。

并不可恨，我看到的，只有可怜。她不过也是一个被婊子抢去老公的女人，只是不巧，我刚好是那个婊子。

后来你一直给我打电话，我看到你留言说，你不是故意隐瞒我的，你跟她迟早会离婚的，你们之间没有感情，你的心里，自始至终只有一个我。

我恶心坏了，一个字都不想再看，再次将你拖进黑名单。

第二天天微微亮的时候，我逃离了那座城市，什么行李都没有带，只带了那个写满心事的日记本。

从19岁到24岁，从我大一到大学毕业，从我遇见你，爱上你，再失去你，总共1820天。

距离我们在一起整整五年，还差5天。

8

我再也没有哭过，因为离开你以后我才懂得，真正的失去往往是无声无息的，真正的绝望是无欲亦无望。

我曾经问过自己，真的恨你吗？答案是否定的。

因为之前的时光早已泛黄，而往后，也再也与你无染。日记本我依然带在身边，只是已经不是有你的那一页了。你来了，我爱了，你走了，我爱过。

  我做过你的第三者是真的，我爱你的心是真的，你在我这不再重要了也是真的。因为你只是路过，而非归人，是我误会了你，也误会了自己。